21世纪高等教育计算机规划教材

MATLAB 及
Mathematica 软件应用

Application of MATLAB and
Mathematica

■ 丛书主编 赵欢
■ 李根强 主编
■ 龚文胜 肖要强 黄友荣 副主编

U0286946

人民邮电出版社

北　京

图书在版编目（CIP）数据

MATLAB及Mathematica软件应用 / 李根强主编. --
北京：人民邮电出版社，2016.1（2020.1重印）
21世纪高等教育计算机规划教材
ISBN 978-7-115-41145-7

Ⅰ．①M… Ⅱ．①李… Ⅲ．①Matlab软件－高等学校
－教材②Mathematica软件－高等学校－教材 Ⅳ．
①TP317

中国版本图书馆CIP数据核字(2015)第322245号

内 容 提 要

本书作为计算机导论系列丛书之一，主要由两部分内容构成。第一部分主要介绍 MATLAB 的基本语法规则与使用，包含 MATLAB 的基础知识、MATLAB 窗口的基本操作、MATLAB 的顺序结构程序设计、MATLAB 的分支结构程序设计、MATLAB 的循环结构程序设计、向量和矩阵的定义及使用、函数文件的定义和调用、符号表达式的定义和使用。第二部分主要介绍 MATLAB 在各领域中的应用以及 Mathematica 的使用，包含二维图形及三维图形的绘制、系统仿真、GUI 编程、MATLAB 在数学中的应用，最后介绍了 Mathematica 的使用方法。

本书旨在培养学生的计算机基本编程能力。通过本书，学生可对 MATLAB 和 Mathematica 编程及应用有一个基本、全面的了解，并掌握它们在各领域的应用，为将来进行高级程序设计奠定基础。

本书可作为大学本科计算机类或理工类专业的计算机导论教材，或作为非计算机专业研究生选修课教材，还可作为大学的通识选修课教材。

◆ 主　　编　李根强
　　副 主 编　龚文胜　肖要强　黄友荣
　　责任编辑　邹文波
　　责任印制　沈　蓉　彭志环

◆ 人民邮电出版社出版发行　　北京市丰台区成寿寺路 11 号
　　邮编　100164　电子邮件　315@ptpress.com.cn
　　网址　http://www.ptpress.com.cn
　　北京捷迅佳彩印刷有限公司印刷

◆ 开本：787×1092　1/16
　　印张：12.5　　　　　　　　2016 年 1 月第 1 版
　　字数：326 千字　　　　　　2020 年 1 月北京第 6 次印刷

定价：35.00 元

读者服务热线：(010)81055256　印装质量热线：(010)81055316
反盗版热线：(010)81055315

前言

计算机是人类历史上最伟大的发明之一，它使人类社会进入了信息时代，第一台现代电子计算机诞生已近70年，计算机技术以不可思议的速度发展，迅速改变着世界和人类生活。如今，计算已经"无处不在"，计算机与其他设备甚至使生活用品之间的界限日益淡化。现代社会的每个人都要与计算机打交道，每个家庭每天也在不经意间使用了很多"计算机"设备，数字化社会以不可抗拒之势到来。社会对人们掌握计算机技术的程度要求已远远超过以往任何时期，走在时代前列的大学生，有必要了解计算机发展历史、发展趋势，掌握计算机科学与技术的基本概念、一般方法和新技术，以便更好地使用计算机及计算机技术为社会服务。

近几年来，各高校都在逐步进行顺应时代的教育教学创新改革，大学计算机基础教育在课程体系、教学内容、教学理念和教学方法上都有了较大提升，本套丛书正是这项改革的产物。

关于本套丛书

本套丛书包括以下7本。
计算机科学概论
计算机操作实践
高级 Office 技术
SQL 数据库技术及 PHP 技术
MATLAB 及 Mathematica 软件应用
SPSS 软件应用
多媒体技术及应用

本套丛书可以适用于不同类型的学校和不同层次的学生，也可作为相关研究者的参考书。前面3本具有更广的适用性，后面4本更倾向于教学中的各个模块，针对不同专业类的学生学校可以选择不同模块组织教学。

关于《MATLAB 及 Mathematica 软件应用》

（1）学时安排及教学方法建议。

《MATLAB 及 Mathematica 软件应用》可安排理论教学 16~40 学时；实践教学 16~40 学时。

（2）本书的结构。

全书共分为 10 章。

第 1 章，MATLAB 概述；第 2 章，MATLAB 基础；第 3 章，MATLAB 程序设计；第 4 章，向量与矩阵；第 5 章，MATLAB 符号计算；第 6 章，图形与图像处理；第 7 章，Simulink 仿真；第 8 章，GUI 编程；第 9 章，MATLAB 在数学中的应用；第 10 章，Mathematica 基础及其应用。

第 1、2、5 章由龚文胜编写，第 3、6、7 章由肖要强编写，第 4 章由黄友荣编写，第 8、9、10 章由李根强编写，全书由李根强统稿。

网站资源

通过人民邮电出版社教学资源网站（http://www.ptpress.com.cn/download）可免费下载 PPT 教案、操作案例和素材包。

致谢

感谢湖南大学信息科学与工程学院院长李仁发教授、副院长赵欢教授对本书提出的指导性建议，同时感谢湖南大学信息科学与工程学院计算机应用教研室杨圣洪主任及全体教师的支持。

李根强

于湖南长沙岳麓山

2015 年 10 月

目　录

1

第1章
MATLAB 概述

【本章概述】

本章内容包含有：MATLAB 的简单介绍、MATLAB 的特点、MATLAB 常用工具箱、MATLAB 的版本、MATLAB 的安装、MATLAB 的启动、MATLAB 的用户界面、命令窗口、历史命令窗口、当前目录窗口、工作区窗口、帮助系统及其使用。

1.1　MATLAB 简介

1.1.1　MATLAB 的简单介绍

MATLAB 是美国 MathWorks 公司出品的商业数学软件，是用于算法开发、数据可视化、数据分析以及数值计算的高级技术计算语言和交互式环境，主要包括 MATLAB 和 Simulink 两大部分。

MATLAB 是矩阵实验室（Matrix Laboratory）的简称，和 Mathematica、Maple 并称为三大数学软件。它在数学类科技应用软件中的数值计算方面首屈一指。MATLAB 可以进行矩阵运算、绘制函数和数据、实现算法、创建用户界面、连接其他编程语言的程序等，主要应用于工程计算、控制设计、信号处理与通信、图像处理、信号检测、金融建模设计与分析等领域。

MATLAB 的基本数据单位是矩阵，它的指令表达式与数学、工程中常用的形式十分相似，故用 MATLAB 来解决问题要比用 C、FORTRAN 等语言简捷得多，并且 Mathworks 也吸收了像 Maple 等软件的优点，使 MATLAB 成为一个强大的数学软件。在 MATLAB 的新版本中也加入了对 C、FORTRAN、C++、Java 的支持，可以直接调用，用户也可以将自己编写的实用程序导入 MATLAB 函数库中方便以后调用。此外许多的 MATLAB 爱好者都编写了一些经典的程序，用户可以直接进行下载使用。

1.1.2　MATLAB 的特点

MATLAB 有如下特点。

（1）此高级语言可用于技术计算；

（2）此开发环境可对代码、文件和数据进行管理；

（3）交互式工具可以按迭代的方式探查、设计及求解问题；

（4）数学函数可用于线性代数、统计、傅里叶分析、筛选、优化以及数值积分等；

（5）二维和三维图形函数可用于可视化数据；

（6）各种工具可用于构建自定义的图形用户界面；

（7）各种函数可将基于 MATLAB 的算法与外部应用程序和语言（如 C、C++、Fortran、Java、COM 以及 Microsoft Excel）集成。

1.1.3　MATLAB 的优势

MATLAB 编程有如下优势。

1．友好的工作平台和编程环境

MATLAB 由一系列工具组成，这些工具方便用户使用 MATLAB 的函数和文件。其中许多工具采用的是图形用户界面，包括 MATLAB 桌面和命令窗口、历史命令窗口、编辑器和调试器、路径搜索和用于用户浏览帮助、工作空间、文件的浏览器。随着 MATLAB 的商业化以及软件本身的不断升级，MATLAB 的用户界面也越来越精致，更加接近 Windows 的标准界面，人机交互性更强，操作也更简单。而且新版本的 MATLAB 提供了完整的联机查询及帮助系统，极大地方便了用户使用。MATLAB 简单的编程环境提供了比较完备的调试系统，程序不必经过编译就可以直接运行，而且能够及时地报告出现的错误及进行出错原因分析。

2．简单易用的程序语言

MATLAB 是一个高级的矩阵/阵列语言，它包含控制语句、函数、数据结构、输入和输出，可面向对象编程。用户可以在命令窗口中将输入语句与执行命令同步，也可以先编写好一个较大的复杂的应用程序（M 文件），然后再一起运行。新版本的 MATLAB 语言是基于 C++语言基础上的，因此语法特征与 C++语言极为相似，而且更加简单，更加符合科技人员对数学表达式的书写格式，使之更利于非计算机专业的科技人员使用。而且这种语言可移植性好、可拓展性极强，这也是 MATLAB 能够深入科学研究及工程计算各个领域的重要原因。

3．强大的科学计算及数据处理能力

MATLAB 是一个包含大量计算算法的集合，其拥有 600 多个工程中要用到的数学运算函数，可以方便地实现用户所需的各种计算功能。函数中所使用的算法都是科研和工程计算中的最新研究成果，而且经过了各种优化和容错处理。在通常情况下，可以用它来代替底层编程语言，如 C 和 C++。在计算要求相同的情况下，使用 MATLAB 的编程工作量会大大减少。MATLAB 的这些函数集，从最简单最基本的函数到诸如矩阵、特征向量、快速傅里叶变换等复杂函数都包括。其函数所能解决的问题大致包括矩阵运算和线性方程组的求解、微分方程及偏微分方程的组的求解、符号运算、傅里叶变换和数据的统计分析、工程中的优化问题、稀疏矩阵运算、复数的各种运算、三角函数和其他初等数学运算、多维数组操作以及建模动态仿真等。

4．出色的图形处理功能

MATLAB 具有方便的数据可视化功能，可以将向量和矩阵用图形表现出来，并且可以对图形进行标注和打印。高层次的作图包括二维和三维的可视化、图像处理、动画和表达式作图，可用于科学计算和工程绘图。新版本的 MATLAB 对整个图形处理功能做了很大的改进和完善，它不仅完善了一般数据可视化软件都具有的功能（如二维曲线和三维曲面的绘制和处理等），而且对于一些其他软件所没有的功能（如图形的光照处理、色度处理以及四维数据的表现等）也表现出了出色的处理能力。同时对一些特殊的可视化要求，如图形对话等，MATLAB 也有相应的功能函数，保证了用户不同层次的要求。另外新版本的 MATLAB 还在图形用户界面（GUI）的制作上做了很大的改善，对这方面有特殊要求的用户也可以得到满足。

5. 应用广泛的模块集合工具箱

MATLAB 对许多专门的领域都开发了功能强大的模块集和工具箱。一般来说，它们都是由特定领域的专家开发的，用户可以直接使用工具箱学习、应用和评估不同的方法而不需要自己编写代码。目前，MATLAB 已经把工具箱延伸到了科学研究和工程应用的诸多领域，如数据采集、数据库接口、概率统计、样条拟合、优化算法、偏微分方程求解、神经网络、小波分析、信号处理、图像处理、系统辨识、控制系统设计、LMI 控制、鲁棒控制、模型预测、模糊逻辑、金融分析、地图工具、非线性控制设计、实时快速原型及半物理仿真、嵌入式系统开发、定点仿真、DSP 与通信、电力系统仿真等都在工具箱（Toolbox）家族中有了自己的一席之地。

6. 实用的程序接口和发布平台

新版本的 MATLAB 可以利用 MATLAB 编译器和 C/C++数学库及图形库，将自己的 MATLAB 程序自动转换为独立于 MATLAB 运行的 C 和 C++代码。MATLAB 允许用户编写可以和自己进行交互的 C 或 C++语言程序。另外，MATLAB 网页服务程序还容许在 Web 应用中使用自己的 MATLAB 数学和图形程序。MATLAB 的一个重要特色就是具有一套程序扩展系统和一组称之为工具箱的特殊应用子程序。工具箱是 MATLAB 函数的子程序库，每一个工具箱都是为某一类学科专业和应用而定制的，主要包括信号处理、控制系统、神经网络、模糊逻辑、小波分析和系统仿真等方面的应用。

7. 应用软件开发（包括用户界面）

MATLAB 的开发环境可使用户更方便地控制多个文件和图形窗口；在编程方面支持函数嵌套，有条件中断等；在图形化方面，有了更强大的图形标注和处理功能；在输入/输出方面，可以直接连接 Excel 和 HDF5。

1.1.4　MATLAB 的常用工具箱

MATLAB 包括拥有数百个内部函数的主包和三十几种工具箱。工具箱又可以分为功能工具箱和学科工具箱。功能工具箱用来扩充 MATLAB 的符号计算、可视化建模仿真、文字处理及实时控制等功能。学科工具箱是专业性比较强的工具箱，控制工具箱、信号处理工具箱、通信工具箱等都属于此类。

开放性使 MATLAB 广受用户欢迎。除内部函数外，所有 MATLAB 主工具箱文件和各种工具箱都是可读可修改的文件，用户通过修改源程序的或加入自己编写的程序可构造新的专用工具箱。

MATLAB 常用工具箱如下。

（1）MATLAB Main Toolbox——MATLAB 主工具箱；

（2）Control System Toolbox——控制系统工具箱；

（3）Communication Toolbox——通信工具箱；

（4）Financial Toolbox——财政金融工具箱；

（5）System Identification Toolbox——系统辨识工具箱；

（6）Fuzzy Logic Toolbox——模糊逻辑工具箱；

（7）Higher-Order Spectral Analysis Toolbox——高阶谱分析工具箱；

（8）Image Processing Toolbox——图像处理工具箱；

（9）LMI Control Toolbox——线性矩阵不等式工具箱；

（10）Model Predictive Control Toolbox——模型预测控制工具箱；

（11）μ-Analysis and Synthesis Toolbox——μ 分析工具箱；

（12）Neural Network Toolbox——神经网络工具箱；

（13）Optimization Toolbox——优化工具箱；

（14）Partial Differential Toolbox——偏微分方程工具箱；

（15）Robust Control Toolbox——鲁棒控制工具箱；

（16）Signal Processing Toolbox——信号处理工具箱；

（17）Spline Toolbox——样条工具箱；

（18）Statistics Toolbox——统计工具箱；

（19）Symbolic Math Toolbox——符号数学工具箱；

（20）Simulink Toolbox——动态仿真工具箱；

（21）Wavele Toolbox——小波工具箱。

1.1.5　MATLAB 的版本

20 世纪 70 年代，美国新墨西哥大学计算机科学系主任 Cleve Moler 为了减轻学生编程的负担，用 FORTRAN 编写了最早的 MATLAB。1984 年由 Little、Moler、Steve Bangert 合作成立的 MathWorks 公司正式把 MATLAB 推向市场。到 20 世纪 90 年代，MATLAB 已成为国际控制界的标准计算软件。

各种版本及发布时间如表 1-1 所示。

表 1-1　　　　　　　　　　　　MATLAB 版本及发布时间

版　　本	建 造 编 号	发 布 时 间
MATLAB 1.0		1984
MATLAB 2		1986
MATLAB 3		1987
MATLAB 4		1992
MATLAB 4.2c	R7	1994
MATLAB 5.0	R8	1996
MATLAB 5.1	R9	1997
MATLAB 5.2	R10	1998
MATLAB 5.3	R11	1999
MATLAB 6.0	R12	2000
MATLAB 6.5	R13	2002
MATLAB 7	R14	2004
MATLAB 7.1	R14SP3	2005
MATLAB 7.2	R2006a	2006
MATLAB 7.3	R2006b	2006
MATLAB 7.4	R2007a	2007
MATLAB 7.5	R2007b	2007
MATLAB 7.6	R2008a	2008
MATLAB 7.7	R2008b	2008
MATLAB 7.8	R2009a	2009.3.6
MATLAB 7.9	R2009b	2009.9.4
MATLAB 7.10	R2010a	2010.3.5
MATLAB 7.11	R2010b	2010.9.3
MATLAB 7.12	R2011a	2011.4.8

续表

版　　本	建 造 编 号	发 布 时 间
MATLAB 7.13	R2011b	2011.9.1
MATLAB 7.14	R2012a	2012.3.1
MATLAB 8.0	R2012b	2012.9.11
MATLAB 8.1	R2013a	2013.3.7
MATLAB 8.2	R2013b	2013.9.9
MATLAB 8.3	R2014a	2014.3.6

1.2　MATLAB 的用户界面

安装好 MATLAB 后,一般通过双击桌面上的快捷图标就可进入,这样会显示图 1-1 所示的操作界面(各种版本显示的界面有一定的区别,这里是 MATLAB R2014a 的界面),这是个原始界面,用户可根据需要进行不同的设置。MATLAB 本身包括了多种窗口,其中最重要的窗口就是命令窗口(Command Window)、当前文件夹窗口(Current Folder)、工作空间窗口(Workspace)、历史命令窗口(Command History)、图形窗口(Figure)、图像窗口(Image)及帮助窗口(Help)等。

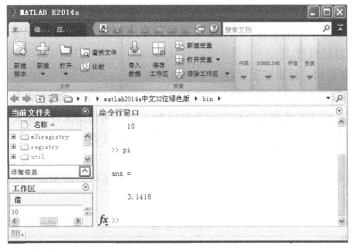

图 1-1　MATLAB 用户界面

MATLAB 的主界面是一个高度集成的工作环境,有 3 个不同职责分工的窗口。它们分别是命令窗口(Command Window)、当前目录窗口(Current Folder)和工作区窗口(Workspace),下面重点介绍 MATLAB 的几个常用窗口。

1.2.1　命令窗口

命令窗口(Command Window),顾名思义,是接收命令输入的窗口。但实际上,可输入的对象除 MATLAB 命令之外,还包括函数、表达式、语句以及 M 文件名或 MEX 文件名等。为叙述方便,本书对可输入的对象通称为语句。

MATLAB 的工作方式之一是:在 Command Window 中输入语句,然后由 MATLAB 逐句解释执行并在 Command Window 中给出结果。命令窗口可显示除图形以外的所有运算结果。

Command Window 可从 MATLAB 主界面中分离出来，以便单独显示和操作，当然也可重新返回主界面中，其他窗口也有相同的行为。

分离命令窗口可单击窗口右上角的 ■ 按钮。另外，还可以直接用鼠标将命令窗口拖出主界面，其结果如图 1-2 所示。

图 1-2　MATLAB 命令行窗口

若要将命令窗口放回到主界面中，可单击窗口右上角的 ◥ 按钮，选择下拉菜单中的"停靠项"（Dock Command Window）。下面对使用命令窗口的一些相关问题加以说明。

1. 命令提示符和语句颜色

在分离的命令窗口中，每行语句前都有一个符号">>"，即命令提示符。在此符号后（也只能在此符号后）输入各种语句并按【Enter】键，方可被 MATLAB 接收和执行。执行的结果通常就直接显示在语句下方。

不同类型的语句用不同颜色区分。在默认情况下，输入的命令、函数、表达式以及计算结果等采用黑色字体，字符串采用红色，if、for 等关键词采用蓝色，注释语句用绿色。当然，各种类型的颜色用户可以自己设置。

2. 语句的重复调用、编辑和重运行

命令窗口不仅能编辑和运行当前输入的语句，而且对曾经输入的语句也有快捷方法进行重复调用、编辑和运行。成功实施重复调用的前提是已输入的语句仍然保存在历史命令窗口中（未对该窗口执行清除操作，双击历史命令窗口中的某命令，可以让该命令在命令窗口中重复执行，无需再输入该命令）。

除了在历史命令窗口中重复使用已经使用过的命令外，还可以使用表 1-2 中提供的常用功能键来重复使用已经使用过的命令。

表 1-2　　　　　　　　　　常用功能键

功　能　键	功能键的用途
↑	向上回调以前输入的语句行
Home	让光标跳到当前行的开头
↓	向下回调以前输入的语句行
End	让光标跳到当前行的末尾
←	光标在当前行中左移一个字符
Delete	删除当前行光标后的字符
→	光标在当前行中右移一个字符
Backspace	删除当前行光标前的字符

3. 语句行中使用的标点符号

MATLAB 在输入语句时，可能要用到表 1-3 所列的各种符号。这些符号在 MATLAB 中所起

的作用如表 1-3 所示。

 在命令窗口中输入语句时，一定要在英文输入状态下输入，尤其在刚刚输入完汉字后，初学者很容易忽视中英文输入状态的切换。

表 1-3　　　　　　　　　　　　常用符号及作用

名　称	符　号	作　用
空格		变量分隔符；矩阵一行中各元素间的分隔符；程序语句关键词分隔符
逗号	,	分隔欲显示计算结果的各语句；变量分隔符；矩阵一行中各元素间的分隔符
点号	.	数值中的小数点；结构数组的域访问符
分号	;	分隔不想显示计算结果的各语句；矩阵行与行的分隔符
冒号	:	用于生成一维数值数组；表示一维数组的全部元素或多维数组某一维的全部元素
百分号	%	注释语句说明符，凡在其后的字符，均视为注释性内容而不执行
单引号	' '	字符串标识符
圆括号	( )	用于矩阵元素引用；用于函数输入变量列表；确定运算的先后次序
方括号	[ ]	向量和矩阵标识符；用于函数输出列表
花括号	{ }	标识细胞数组
续行号	…	长命令行需分行时连接下行用
赋值号	=	将表达式赋值给一个变量

4. 命令窗口中数值的显示格式

为了满足用户以不同格式显示计算结果的需求，MATLAB 设计了多种数值计算结果显示格式供用户选用，如表 1-4 所示。其中默认的显示格式是：当数值为整数时，以整数显示；当数值为实数时，以 short 格式显示；如果数值的有效数字超出了这一范围，则以科学计数法显示结果。

在指令窗中显示的输出有：指令执行后，数值结果采用黑色字体输出；而运行过程中的警告信息和出错信息用红色字体显示。 运行中，屏幕上最常见到的数字输出结果由 5 位数字构成。这是"双精度"数据的默认输出格式，用户不要误认为运算结果的精度只有 5 位有效数字。实际上，MATLAB 的数值数据通常占用 64 位（Bit）内存，以 16 位有效数字的"双精度"进行运算和输出。MATLAB 为了比较简洁、紧凑地显示数值输出，才默认地采用 format short g 格式显示出 5 位有效数字。用户根据需要，可以在 MATLAB 指令窗中直接输入相应的指令，或者在菜单弹出框中进行选择，都可获得所需的数值计算结果显示格式。

MATLAB 数值计算结果显示格式的类型如表 1-4 所示。

表 1-4　　　　　　　　　　　　计算结果显示格示

指　令	含　义	举例说明
format format short	通常保证小数点后 4 位有效，最多不超过 7 位；对大于 1000 的实数，用 5 位有效数字的科学记数形式显示	314.159 被显示为 314.1590； 3141.59 被显示为 3.1416e+003
format long	15 位数字表示	3.14159265358979
format short e	5 位科学记数表示	3.1416e+00

指　　令	含　　义	举 例 说 明
format long e	15 位科学记数表示	3.14159265358979e+00
format short g	从 format short 和 format short e 中自动选择最佳记数方式	3.1416
format long g	从 format long 和 format long e 中自动选择最佳记数方式	3.14159265358979
format rat	近似有理数表示	355/113
format hex	十六进制表示	400921fb54442d18
format +	显示大矩阵用。正数、负数、零分别用+、 -、空格表示	+
format bank	（金融）元、角、分表示	3.14
format compact	显示变量之间没有空行	
format loose	在显示变量之间有空行	

注:

1. format short 显示格式是默认的显示格式。

2. 该表中实现的所有格式设置仅在 MATLAB 的当前执行过程中有效。

【例 1-1 】 计算 $y = \dfrac{2\sin(0.4\pi)}{2+\sqrt{5}}$ 的结果

（1）用户应依次键入以下字符:

```
>> y=2*sin(0.4*pi)/(2+sqrt(5))
```

（2）按 [Enter] 键，该指令便被执行，并给出以下结果:

```
y =
    0.4490
```

（3）通过反复按键盘的箭头键，可实现指令回调和编辑，进行新的计算。

要计算 $y = \dfrac{2\cos(0.4\pi)}{2+\sqrt{5}}$ 的值，不需要在命令行重新输入公式，只需通过键盘上的箭头键[↑↓]将前面输入的指令 y=2*sin(0.4*pi)/(2+sqrt(5))调回，然后移动光标到目标位置将 sin 函数改成 cos 函数即可。

5. 命令窗口清屏

在命令窗口中执行过许多命令后，会占满窗口，为方便阅读，清除屏幕显示是经常采用的操作。清除命令窗口显示通常有以下两种方法。

● 执行 MATLAB 窗口的主页|清除命令|清除命令行窗口。

● 在提示符>>后直接输入 clc 命令语句。

1.2.2 历史命令窗口

MATLAB 所拥有的丰富资源和友善灵活的环境特别适合于验证一些思想，思考一些问题，帮助进行创造性思维。用户可以在 MATLAB 环境中，边想边做，做做想想，对随时蹦出的思想

"火花"可通过计算加以验证。历史命令窗口（Command　History）就是为这种应用方式设计的。

　　在 R2014a 中文版中并没有将历史命令窗口放在主界面上，但执行 MATLAB 窗口的主页|布局|命令历史记录 | 已停靠命令可以将它放置在主界面上，如图 1-3 所示。

图 1-3　包含历史记录的主界面

　　历史命令窗口是 MATLAB 用来存放曾在命令窗口中使用过的语句的窗口。它借用计算机的存储器来保存信息。其主要目的是便于用户追溯、查找曾经用过的语句，利用这些已有的资源节省编程时间。

1. 复制、执行历史命令窗口中的命令

　　历史命令窗口不但能清楚地显示命令窗口中运行过的所有指令行，而且所有这些被记录的指令行都能被复制或再运行。关于历史指令窗的功能详见表 1-5。

表 1-5　　　　　　　　　　　　历史指令窗口主要应用功能的操作方法

应 用 功 能	操 作 方 法	简捷操作方法
单行或多行指令的复制	点亮单行或多行指令；按鼠标右键引出现场菜单； 选中"复制"菜单项，即可用组合键　[Ctrl + V]　把它"粘贴"到任何地方（包括命令窗口）	
单行指令的运行	点亮单行指令；按鼠标右键引出现场菜单； 选中"执行所选内容"菜单项，即可在指令窗中运行，并见到相应结果	鼠标左键双击单行指令
多行指令的运行	点亮多行指令；按鼠标右键引出现场菜单； 选中"执行所选内容" 菜单项，即可在指令窗中运行，并见到相应结果	
把多行指令写成 M 文件	点亮多行指令；按鼠标右键引出现场菜单； 选中"创建脚本"菜单项，将引出书写着这些指令的 M 文件编辑调试器； 再进行相应操作，即可得所需的 M 文件	

2. 清除历史命令窗口中的内容

　　执行 MATLAB 窗口的主页|清除命令|清除命令历史记录命令，即可清除历史命令窗口中的内容。

当执行上述命令后，历史命令窗口当前的内容就完全清除了，以前的命令再也不能追溯和利用。这一点必须注意。

1.2.3 当前目录窗口

MATLAB 借鉴 Windows 资源管理器管理磁盘、文件夹和文件的思想，设计了当前目录窗口（Current Folder）。利用该窗口可组织、管理和使用所有 MATLAB 文件和非 MATLAB 文件，如新建、复制、删除和重命名文件夹和文件。甚至还可用此窗口打开、编辑和运行 M 程序文件以及加载 MAT 数据文件等。当然，其核心功能还是设置当前目录。

分离的当前目录窗口如图 1-4 所示。下面主要介绍当前目录的概念及如何完成对当前目录的设置。

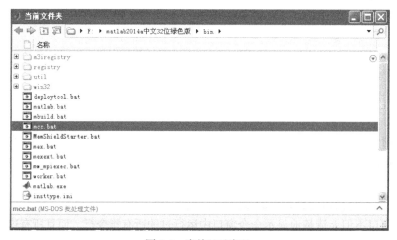

图 1-4　当前目录窗口

MATLAB 的当前目录即系统默认的实施打开、加载、编辑和保存文件等操作时的文件夹。用桌面图标启动 MATLAB 后，系统默认的当前目录是…\MATLAB\toolbox。在该默认的当前目录上存放用户文件是允许的、完全的、可靠的。MathWorks 公司之所以设计这样一个目录，就是供用户使用的。

若 MATLAB 的启动由 MATLAB\R2014a\bin\win32 目录下的 MATLAB.exe 触发,那么当前目录将是 MATLAB 所在的根目录。注意：千万不要把 MATLAB\R2014a\bin\win32 设成当前目录,也尽量不要把 MATLAB 所在根目录设成当前目录。用户应该通过重新设置，把当前目录设置在适当的目录上。

1. 用户目录和当前目录设置

（1）建立用户目录

在使用 MATLAB 的过程中，为管理方便，建议用户应尽量为自己建立一个专门的工作目录，即"用户目录"，用来存放自己创建的应用文件。

（2）应把用户目录设置成当前目录

在 MATLAB 环境中，如果不特别指明存放数据和文件的目录，那么 MATLAB 总默认地将它们存放在当前目录上。因此，出于 MATLAB 运行可靠和用户方便的考虑，建议在 MATLAB 开始工作的时候，就应把用户自己的"用户目录"设置成当前目录。

（3）把用户目录设置成当前目录的方法

方法一：交互界面设置法

在当前目录浏览器左上方，都有一个当前目录设置区。它包括："目录设置栏"和"浏览键"。用户或在"设置栏"中直接填写待设置的目录名，或借助"浏览键"和鼠标选择待设置目录。

方法二：指令设置法

通过指令设置当前目录是各种 MATLAB 版本都适用的基本方法。这种指令设置法的适用范围比交互界面设置法大。它不仅能在指令窗中执行，而且可以在 M 文件中使用。假设待设置的用户目录是 f:\MATLAB 文件，那么把它设置为当前目录的指令是：

```
cd  f:\MATLAB 文件
```

　　　　以上方法设置的当前目录，只是在当前开启的 MATLAB 环境中有效。一旦 MATLAB 重新启动，以上设置操作必须重新进行。

2. MATLAB 的搜索路径

MATLAB 的所有（M、MAT、MEX）文件都被存放在一组结构严整的目录树上。MATLAB 把这些目录按优先次序设计为"搜索路径"上的各个节点。此后，MATLAB 工作时，就沿着此搜索路径从各目录上寻找所需的文件、函数、数据。当用户从命令窗口送入一个名为 contt 的指令后，MATLAB 的基本搜索过程如下。检查 MATLAB 内存，看 contt 是不是变量；假如不是变量，则进行下一步。检查 contt 是不是内建函数（Built-in Function）；假如不是，再往下执行。在当前目录上，检查是否有名为 contt 的 M 文件存在；假如不是，再往下执行。在 MATLAB 搜索路径的其他目录中，检查是否有名为 contt 的 M 文件存在。

应当指出：

（1）实际搜索过程远比前面描述的基本过程复杂。但又有一点可以肯定，凡不在搜索路径上的内容，不可能被搜索。

（2）指令 exist、which、load 执行时，也都遵循搜索路径定义的先后次序。

3. MATLAB 搜索路径的扩展

（1）何时需要修改搜索路径

假如用户有多个目录需同时与 MATLAB 交换信息，那么则应该将这些目录放在 MATLAB 的搜索路径中，使得这些目录上的文件或数据能被调用。又假如其中某个目录需要用来存放运行中产生的文件和数据，那么还应该把这个目录设置为当前目录。

（2）利用设置路径对话框修改搜索路径

● 在命令窗口运行>> pathtool。

● 执行 MATLAB 窗口的 FILE|设置路径命令，弹出如图 1-5 所示的对话框。

设置对话框下面"保存"按钮是用来保存对当前搜索路径所做修改的，通常先执行保存命令后，再执行关闭命令。"关闭"按钮是用来关闭对话框的，但是如果只想将修改过的路径供本次打开的 MATLAB 使用，那么直接单击"关闭"按钮，再在弹出的对话框中做否定回答即可。

4. 利用指令 path 设置路径

MATLAB 将某一路径设置成可搜索路径的命令有两个：一个是 path；另一个是 addpath。下面以将路径"F：\MATLAB 文件\M 文件"设置成可搜索路径为例，分别予以说明。

```
>>path (path,'F:\MATLAB 文件\M 文件');
>>addpath F:\MATLAB 文件\M 文件 - begin      %begin 意为将路径放在路径表的前面
>>addpath F:\MATLAB 文件\M 文件 - end        %end 意为将路径放在路径表的最后
```

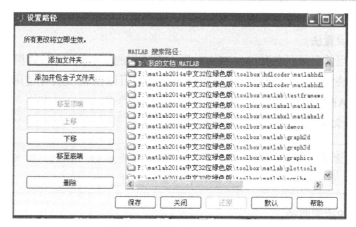

图 1-5　"设置路径"对话框

1.2.4　工作区窗口

工作区窗口（Workspace）放置于 MATLAB 操作桌面的左下侧。双击工作区窗口标题栏可将此窗口放大至整个 MATLAB 桌面，单独的工作区窗口如图 1-6 所示。工作区窗口的操作方法如表 1-6 所示。

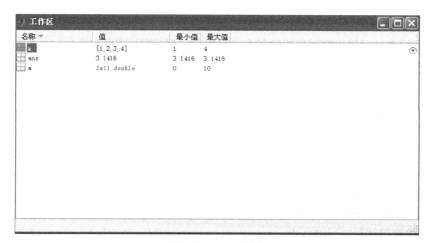

图 1-6　工作区窗口

表 1-6　　　　　　　　　　　　　工作区窗口操作方法

功　能	操 作 方 法	简捷操作方法
创建新变量	在工作区窗口单击鼠标右键，选择"新建"选项，就会生成一个"unnamed"的新变量； 双击该新变量图标，引出 Array Editor 数组编辑器； 在数组编辑器中，向各元素输入数据；最后对该变量进行重命名	
显示变量 内容	点亮变量；单击鼠标右键选中弹出菜单中的"打开所选内容"选项，则变量内含的数据就显示在 Array Editor 数组编辑器中	用鼠标左键双击变量

续表

功　　能	操 作 方 法	简捷操作方法
图示变量	点亮变量；单击鼠标右键选中弹出菜单中的绘图项，就可以适当地绘出选中变量的图形	
用文件保存变量	选择待保存到文件的（一个或多个）变量，单击鼠标右键，选中弹出菜单中的"另存为…"选项，便可把那些变量保存到 MAT 数据文件	
从文件向内存装载变量	单击主页 | 导入数据图标命令；选择 MAT 数据文件；再单击选中的文件，引出"导入向导"界面，它展示文件所包含的变量列表，从列表中选择待装载变量即可	

1．工作空间的管理指令

（1）查询指令 who 及 whos

【例 1-2】 在命令窗口运行 who 及 whos 命令。

```
>>who
```

您的变量为：

```
a    ans  x
>> whos
  Name     Size          Bytes  Class     Attributes
  a        1x11             88  double
  ans      1x1               8  double
  x        1x4              32  double
```

who, whos 指令操作对 MATLAB 的所有版本都适用。

本例两个指令的差别仅在于获取内存变量信息的简单和详细程度不同。

（2）从工作空间中删除变量和函数的指令 clear

最常用的种格式：

```
clear                清除工作空间中的所有变量
clear var1 var2      清除工作空间中的 var1 和 var2 变量
clear all            清除工作空间中所有的变量、全局变量、编译过的 M 函数及 MEX 链接。
clear fun1 fun2      清除工作空间中名为 fun1 和 fun2 的函数
```

在第 2、4 两种调用格式中，clear 后面的变量名和函数名之间一定要采用"空格"分隔，而不能采用其他符号。

（3）整理工作空间内存碎片的指令 pack

在 MATLAB 运行期间，它会自动地为产生的变量分配内存，也会为使用到的 M 函数分配内存。有时对于容量较大的变量，会出现"Out of memory"的错误。此时，可能使用 clear 指令清除若干内存中的变量也无济于事。产生这种问题的一个原因是：MATLAB 存放一个变量时，必须使用"连成一片"的内存空间。对于那些被碎片分割得"支离破碎"的内存空间，即便它们的总容量超过待生成变量，也无法使用。在这种情况下，借助 pack 指令可解决此问题。

2．数组编辑器

双击工作空间浏览器中的变量图标，将引出如图 1-7 所示的数组编辑器（Array Editor）。

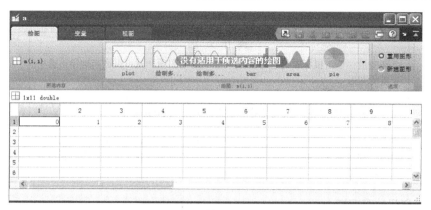

图 1-7　数组编辑器

该编辑器可用来查看、编辑数组元素；对数组中指定的行或列进行图示。

在工作空间窗口空白区域单击鼠标右键，选择"新建"选项创建一个名为"unnamed"的变量；再双击该变量引出一个与图 1-7 类似的界面。但数组中，除第一个元素为 0 外，其余均为"空白"。利用这个界面，读者就可以输入较大的数组。 从 MATLAB 7.0 版起，数组编辑器不仅能观察和编辑"双精度"数组，而且能观察和编辑"字符串"数组、"胞元"数组和"构架"数组。

3. 数据文件和变量的存取

（1）借助工作空间浏览器产生保存变量的 MAT 文件

从工作空间窗口中选择待保存到文件的（一个或多个）变量；单击鼠标右键从弹出菜单中的选择"另存为…"选项就可把那些变量保存到（由用户自己命名的）mydata.mat 的数据文件。该数据文件默认存放在"当前目录"上。

（2）借助导入向导 Import Wizard 向工作空间装载变量

单击主页 | 导入数据图命令,在用户希望的目录上选择 MAT 数据文件（如目录上的 mydata.mat）；再双击选中的文件，引出如图 1-8 所示的"导入向导"界面，它展示出文件所包含的变量列表；从列表中，通过"勾选"选择待装载变量（如图 1-8 中的 a 和 x）；最后单击[完成]按钮，变量 a 和 x 就被装载到工作空间中了。

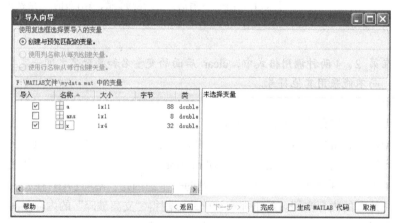

图 1-8　导入向导

4. 存取数据的操作指令 save 和 load

利用 save 和 load 指令实现数据文件存取是 MATLAB 各版都采用的基本操作方法。它的具体使用格式如下。

save　FileName	把全部内存变量保存为 FileName.mat 文件
save　FileName　v1　v2	把变量 v1、v2 保存为 FileName.mat 文件
save　FileName　v1　v2　-append	把变量 v1、v2 添加到 FileName.mat 文件中
save　FileName　v1　v2　-ascii	把变量 v1、v2 保存为 FileName 8 位 ASCII 文件
save　FileName v1 v2 -ascii -double	把变量 v1、v2 保存为 FileName 16 位 ASCII 文件
load　FileName	把 FileName.mat 文件中的全部变量装入内存
load　FileName　v1　v2	把 FileName.mat 文件中的 v1、v2 变量装入内存
load　FileName　v1　v2　-ascii	把 FileName ASCII 文件中的 v1、v2 变量装入内存

- FileName 文件名可以带路径，也可以带扩展名。
- v1、v2　代表变量名；指定的变量个数不限，只要内存或文件中存在即可；变量名与变量名之间必须以空格分隔。
- -ascii　选项使数据以 ASCII 格式处理。生成的（不带扩展名的）ASCII 文件可以在任何"文字处理器"中被修改。如果需要修改数据较多的变量，则 ASCII 格式的数据文件就很适用。
- 如果指令后没有-ascii　选项，那么数据以二进制格式处理。生成的数据文件一定带 mat 扩展名。

【例 1-3】　数据的存取（假定内存中已经存在变量 X,Y,Z）。

（1）建立用户目录，并使之成为当前目录，保存数据

```
>>mkdir('c:\','my_dir');        %在 C 盘上创建目录 my_dir
>>cd c:\my_dir                  %使 c:\my_dir 成为当前目录
>>save  saf X Y Z               %选择内存中的 X,Y,Z 变量保存为 saf.mat 文件
>>dir                           %显示目录上的文件
.       ..                      saf.mat
```

（2）清空内存，从 saf.mat　向内存装载变量 Z

```
>>clear                         %清除内存中的全部变量
>>load  saf  Z                  %把 saf.mat 文件中的 Z 变量装入内存
>> who                          %检查内存中有什么变量
```

您的变量为：

```
Z
```

如果一组数据是经过长时间的复杂计算后获得的，那么为避免再次重复计算，常使用 save 命令保存。此后，每当需要时都可通过 load 命令重新获取这组数据。在实际中常采用这种处理模式。

1.3　帮助系统及其使用

读者接触、学习 MATLAB 的起因不同，借助 MATLAB 所想解决的问题也不同，从而会产生不同的求助需求。对于初学者，最急于知道的是：MATLAB 的基本用法。对于老用户很想知道的是：MATLAB 的新版本有什么新特点、新功能。对于科研工作者来说，面对不断变化的实际问题，常常产生两类困惑：知道具体指令，但不知道该怎么用；或想解某个具体问题，但不知道

MATLAB 有哪些指令可用。

　　MATLAB 作为一个优秀的科学计算软件，其帮助系统考虑了不同用户的不同需求，构成了一个比较完备的帮助体系，并且，这种帮助体系随着 MATLAB 版本的升级，其完备性和友善性也都会有较大的进步。

1.3.1　纯文本帮助

　　在 MATLAB 中所有执行命令或者函数的 M 源文件都有较为详细的注释。这些注释都是用纯文本的形式来表示的，一般都包括函数的调用格式或者输入函数、输出结果的含义。这些帮助是最原始的（相当于最底层的源文件）。当 MATLAB 不同版本中函数发生变化的时候，这些文本帮助也会同步更新。

　　下面使用简单的例子来说明如何使用 MATLAB 的纯文本帮助。

　　【例 1-4】　在 MATLAB 中查阅帮助信息。

　　根据 MATLAB 的帮助体系，用户可以查阅不同范围的帮助，具体步骤如下。

　　（1）在 MATLAB 的命令窗口中输入 help 命令，然后按【Enter】键，查阅如何在 MATLAB 中使用 help 命令，如图 1-9 所示。

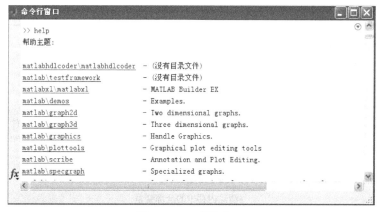

图 1-9　help 帮助窗口

　　（2）在 MATLAB 中搜索各命令的帮助信息，如在 M 函数文件中搜索包含关键字 jacobian 的所有 M 函数文件名，可在命令窗口中输入 help jacobian 命令，然后按【Enter】键。显示结果如图 1-10 所示。

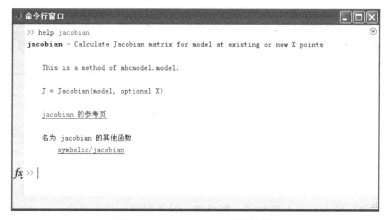

图 1-10　help jacbobian 显示结果

1.3.2　演示帮助

在 MATLAB 中，各个工具箱都有设计好的演示程序。这组演示程序在交互界面中运行，操作非常简便。因此，如果用户运行这组演示程序，然后研究演示程序的相关 M 文件，则对 MATLAB 用户而言是十分有益的。

这种演示功能对提高用户的 MATLAB 应用能力有着重要作用。特别是对于那些初学者而言，不需要了解复杂的程序就可以直观地查看程序结果，可以加强用户对 MATLAB 的掌握能力。

在 MATLAB 的命令窗口中输入 demo 命令，就可以调用关于演示程序的帮助对话框，如图 1-11 所示。

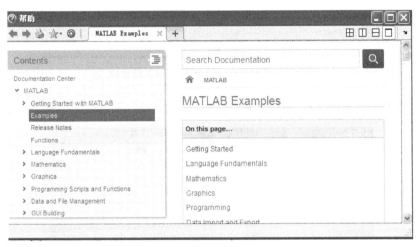

图 1-11　demo 演示窗口

在图 1-11 所示的对话框中，用户可以在对话框的右侧选择演示的内容。例如，选择 Graphics 选项，则会拉出该项目下的各个相应的演示主题，图 1-12 所示为打开 3-D Plots 的帮助窗口。

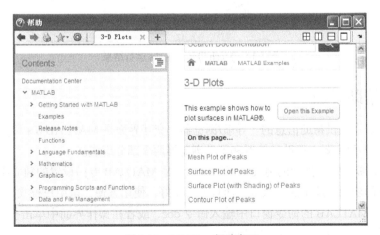

图 1-12　3-D Plots 帮助窗口

如果要演示此相关函数，可选择"Open this Example"选项，则可打开相应的 M 文件编辑窗口，如图 1-13 所示。

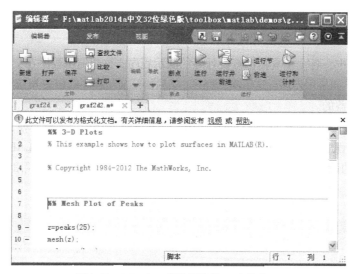

图 1-13 3-D Plots 相关函数的 M 文件窗口

运行程序后的结果如图 1-14 所示。

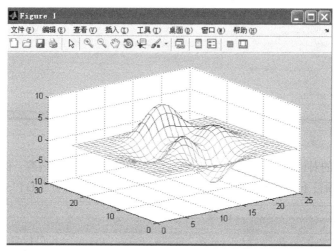

图 1-14 Mesh Plot of Peaks 运行结果

1.3.3 帮助导航

在 MATLAB 中提供帮助信息的"导航/浏览器"交互界面是 MATLAB 6.x 以后的版本的重要改进。这个交互界面主要由帮助导航器和帮助浏览器两个部分组成。

这个帮助文件和 M 文件中的纯文本帮助无关，是 MATLAB 专门设置的独立帮助系统。该系统对 MATLAB 的功能叙述全面、系统，而且界面友好，使用方便，是用户查找帮助的重要途径。

用户可以在 MATLAB 的命令窗口中输入命令 doc，或者在操作界面中单击按钮⬚，打开"帮助导航/浏览器"交互界面，如图 1-15 所示。

这个帮助窗口不仅包括了 MATLAB 所有基本内容，而且还有所有工具箱的用法。图 1-16 是打开 MATLAB 项的窗口界面。

这个窗口使用节点可展开的目录树来列出各种帮助信息。直接用鼠标单击相应的目录项，就可以在浏览器中显示相应标题的 HTML 帮助文件。

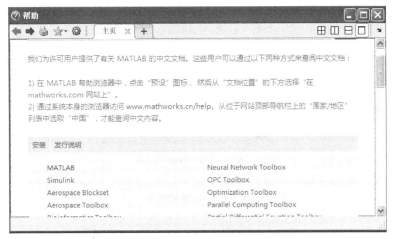

图 1-15　MATLAB 帮助导航

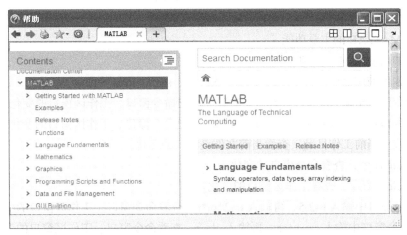

图 1-16　MATLAB 项导航窗口

这个窗口是向用户提供全方位系统帮助的向导，层次清晰、功能明确，用户可以查找相应的帮助信息。例如，初学用户希望了解 MATLAB，可以选择目录中的 MATLAB| Getting Started with MATLAB 选项。

1.3.4　帮助文件索引

在 MATLAB 中，为了提高用户使用帮助文件的效率，专门为命令、函数和一些专用术语提供了索引表。用户可以在交互界面中的搜索选项中输入需要查找的名称，在其下面就会出现与此匹配的词汇列表；同时，在浏览器的界面显示相应的介绍内容。例如，在搜索选框中输入 sin 进行搜索，得到的结果如图 1-17 所示。

在图 1-17 中关于 sin 这个条目在 MATLAB 中所能出现的所有地方都一一列出了，用户只须单击要查找的相关主题即能很快了解其相应的用法。

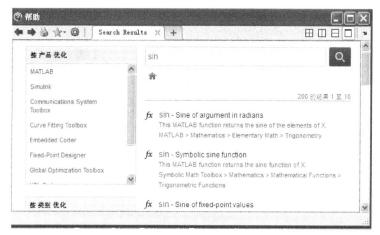

图 1-17 sin 搜索结果

习　　题

1. 简述 MATLAB 的主要功能。

2. 简述如何使用 MATLAB 的各窗口。

3. 简述如何使用命令窗口中 clc、clear、dir、ls、save、load 等命令。

4. 在命令窗口中输入 a=2，查看命令窗口、历史命令窗口、工作区窗口的变化。

5. 在命令窗口中输入 b=4，查看命令窗口、历史命令窗口、工作区窗口的变化。

6. 不断改变当前工作目录，查看当前文件夹窗口的变化。

7. 使用 clc 命令，查看命令窗口的变化。

8. 使用 clear 命令，查看工作区窗口的变化。

9. 在命令窗口中输入 r=2.5，再输入 c=2*pi*r，查看命令窗口、工作区窗口的变化。

10. 在命令窗口中输入 save aaa，再输入 clear，查看命令窗口、工作区窗口的变化。

11. 在命令窗口输入 load aaa，查看命令窗口、工作区窗口的变化。

12. 简述如何使用帮助系统。

第2章
MATLAB 基础

【本章概述】

本章内容包含有：MATLAB 的基本数据类型、常量和变量、标量、向量、矩阵与数组、运算符、命令、表达式、函数和语句。

2.1 MATLAB 的数据类型概述

数据作为计算机处理的对象，在程序语言中可分为多种类型，MATLAB 作为一种可编程的语言当然也不例外。MATLAB 的主要数据类型如图 2-1 所示。

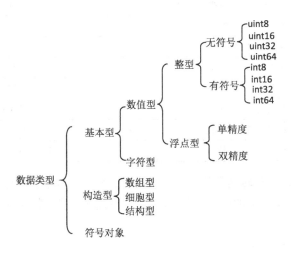

图 2-1 MATLAB 数据类型

MATLAB 数值型数据划分成整型和浮点型的用意和 C 语言有所不同。MATLAB 的整型数据主要为图像处理等特殊的应用问题提供数据类型，以便节省空间或提高运行速度。对一般数值运算，绝大多数情况是采用双精度浮点型的数据。

MATLAB 的构造型数据基本上与 C++的构造型数据相衔接，但它的数组却有更加广泛的含义和不同于一般语言的运算方法。

符号对象是 MATLAB 所特有的一类为符号运算而设置的数据类型。严格地说，它不是某一类型的数据，它可以是数组、矩阵、字符等多种形式及其组合，但它在 MATLAB 的工作区中的确又是另类的一种数据类型。

MATLAB 数据类型在使用中有一个突出的特点，即对不同数据类型的变量在程序中引用时，一般不用事先对变量的数据类型进行定义或说明，系统会依据变量的赋值类型自动进行类型识别，这在高级语言中是极有特色的。

提示　　这样处理的好处是，在书写程序时可以随时引入新的变量而不用担心会出什么问题，这的确给应用带来了很大方便。但缺点是有失严谨，会给搜索和确定一个符号是否为变量名带来更多的时间开销。

2.1.1　数值型数据

1. 整型

不同的整数类型所占用的位数不同，因此所能表示的数值范围不同，在实际应用中，应该根据需要的数据范围选择合适的整数类型。有符号整数类型使用一位来表示正负，因此表示的数据范围和相应的无符号整数类型不同。

由于 MATLAB 中数值的默认存储类型是双精度浮点类型，因此，必须通过表 2-1 中列出的转换函数将双精度浮点数值转换成指定的整数类型。

表 2-1　　　　　　　　　　　　　　　　　MATLAB 中的整数类型

数据类型转换函数	说　　明	字　节　数	取　值　范　围
uint8	无符号 8 位整数	1	0～255
uint16	无符号 16 位整数	2	0～65535
uint32	无符号 32 位整数	4	0～4294967295
uint64	无符号 64 位整数	8	0～1.8447e+19
int8	有符号 8 位整数	1	−128～127
int16	有符号 16 位整数	2	−32768～32767
int32	有符号 32 位整数	4	−2147483648～2147483647
int64	有符号 64 位整数	8	−9.2234e+18～9.2234e+18

在转换中，MATLAB 默认将待转换数值转换为最接近的整数，若小数部分正好为 0.5，则 MATLAB 转换后的结果是绝对值较大的那个整数。另外，应用这些转换函数也可以将其他类型转换成指定的整数类型。

【例 2-1】　通过转换函数创建整数类型。

```
>> x=102;
>> y=102.49;
>> z=102.5;
>> xx=int32(x)
xx =
        102
>> yy=int32(y)
yy =
        102
>> zz=int32(z)
zz =
```

```
       103
>> whos
  Name      Size              Bytes  Class     Attributes
  x         1x1                   8  double
  xx        1x1                   4  int32
  y         1x1                   8  double
  yy        1x1                   4  int32
  z         1x1                   8  double
  zz        1x1                   4  int32
```

【分析】

从最后的 whos 命令结果中可清晰地看出，x、y、z 三个变量的数据类型全是系统默认的双精度浮点型（double），而 xx、yy、zz 的数据类型全是有符号的 32 位整型（int32）。

MATLAB 中还有多种取整函数，可以用不同的策略把浮点小数转换成整数，如表 2-2 所示。

数据类型参与的数学运算与 MATLAB 中默认的双精度浮点运算不同。当两种相同的整数类型进行运算时，结果仍然是这种整数类型；当一个整型数值与一个双精度浮点类型数值进行数学运算时，计算结果是这种整数类型，取整采用默认的四舍五入方式。

两种不同的整数类型之间不能进行数学运算，除非提前进行强制转换。

表 2-2　　　　　　　　　　　　　　　　　MATLAB 中的取整函数

函　　数	说　　明	举　　例
round(a)	向最接近的整数取整，小数部分是 0.5 时向绝对值大的方向取整	round(4.3)结果为 4 round(4.5)结果为 5
fix(a)	向 0 方向取整	fix(4.3)结果为 4 fix(4.5)结果为 4
floor(a)	向不大于 a 的最接近的整数取整	floor(4.3)结果为 4 floor(4.5)结果为 4
ceil(a)	向不小于 a 的最接近的整数取整	ceil(4.3)结果为 5 ceil(4.5)结果为 5

【例 2-2】　整数类型数值参与的运算。

```
>> x=uint16(103.45)*uint16(20.7)
x =
    2163
>> x=uint16(103.45)*20.7
x =
    2132
>> x=uint16(103.45)*uint32(20.7)                    %错误的运算式
错误使用  *
整数只能与相同类的整数或标量双精度值组合使用。           %错误的原因
```

表 2-1 已经反映了不同的整数类型能够表示的数值范围不同。在数学运算中，当运算结果超出相应的整数类型能够表示的范围时，就会出现溢出错误，运算结果被置为该整数类型能够表示的最大值或最小值。

2. 浮点型

MATLAB 中提供了单精度浮点数类型和双精度浮点数类型。它们在存储位宽、各数据位的用处、表示的数值范围、转换函数等方面都不同，如表 2-3 所示。

表 2-3　　　　　　　　　　MALTAB 中单精度浮点数和双精度浮点数的比较

类型	所占位宽（字节）	各数据位用处	取值范围	转换函数
双精度	64（8）	0～51 位表示小数部分， 52～62 位表示指数部分， 63 位表示符号（0 为正，1 为负）	2.2251e-308 ～1.7977e+308	double
单精度	32（4）	0～22 位表示小数部分， 23～30 位表示指数部分， 31 位表示符号（0 为正，1 为负）	1.1755e-38 ～3.4028e+38	single

从表 2-3 可以看出，存储单精度浮点数所用的位数少，因此内存占用上开支小；但从各数据位的用处来看，单精度浮点数能够表示的数值范围比双精度小。

和创建整数类型数值一样，创建浮点数类型也可以通过转换函数来实现。当然，MATLAB 中默认的数值类型是双精度浮点类型。

【例 2-3】　浮点数转换函数的应用。

```
>> clear                              %将内存中的变量清掉
>> x=uint32(210);y=single(32.356);z=15.254;
>> xy=x*y                             %错误的运算式
错误使用  *
整数只能与相同类的整数或标量双精度值组合使用。    %系统提示的错误原因
 >> xz=x*z
xz =
      3203
>> whos
  Name      Size            Bytes  Class     Attributes
  x         1x1                 4  uint32
  xz        1x1                 4  uint32
  y         1x1                 4  single
  z         1x1                 8  double
```

从表 2-3 可以看出，浮点数只占用一定的存储位宽，其中只有有限位分别用来存储指数部分和小数部分。因此，浮点类型能表示的实际数值是有限的，而且是离散的。

3. 复数

复数是对实数的扩展，每一个复数包括实部和虚部两部分。MATLAB 中默认用字符 i 或 j 表示虚部标识。创建复数可以直接输入或者利用 complex 函数。

MATLAB 中还有多种对复数操作的函数，如表 2-4 所示。

表 2-4　　　　　　　　　　MATLAB 中与复数相关的运算函数

函　　数	说　　明	函　　数	说　　明
real(z)	返回复数 z 的实部	imag(z)	返回复数 z 的虚部
abs(z)	返回复数 z 的幅度	angle(z)	返回复数 z 的幅角
conj(z)	返回复数 z 的共轭复数	complex(a,b)	以 a 为实部，b 为虚部创建复数

【例 2-4】 复数的创建和运算。

```
>> a=1+2i
a =
   1.0000 + 2.0000i
>> x=int32(8);y=int32(10);
>> z=complex(x,y)
z =
          8 +          10i
>> whos
  Name      Size            Bytes  Class      Attributes
  a         1x1                16  double     complex
  x         1x1                 4  int32
  y         1x1                 4  int32
  z         1x1                 8  int32      complex
```

2.1.2　字符型数据

1. 字符型

【例 2-5】 单个字符的使用。

```
>> a='1'
a =
1
>> b='x'
b =
x
>> whos
  Name      Size               Bytes  Class
  a         1x1                    2  char array
  b         1x1                    2  char array
Grand total is 2 elements using 4 bytes
```

2. 字符串型

【例 2-6】 多个字符的使用。

```
>> e='12345'
e =12345
>> f='abcde'
f =
abcde
>> whos
  Name      Size               Bytes  Class
  e         1x5                   10  char array
  f         1x5                   10  char array
Grand total is 10 elements using 20 bytes
```

2.2　MATLAB 的常量及变量

2.2.1　常量

常量是程序语句中取不变值的那些量。如表达式 y=0.314*x，其中就包含一个 0.314 这样的数值常数，它便是一个数值常量。而在另一表达式 s='Hello' 中，单引号内的英文字符串"Hello"则是一个字符串常量。

在 MATLAB 中，字符串常量采用一对半角单引号括起来，字符串常量可包括数字，字母和其他符号。

对于矩阵来说，如[1 2；3 4]，则可认为是矩阵常量，当然这是个 2×2 矩阵，矩阵常用半角中的括号 "[" 和 "]" 括起来。

除此之外在 MATLAB 中，有一类常量是由系统默认给定一个符号来表示的。如 pi，它代表圆周率π这个常数，即 3.141 592 6…，类似于 C 语言中的符号常量，这些常量如表2-5所示，有时又称为系统预定义的常量。

表 2-5 中的符号常量用于专门的用途，因此应避免使用这些符号作为变量名. Inf(inf)和 −Inf(inf)分别代表正无穷和负无穷，用 NaN 表示非数值量。正、负无穷的产生一般是由于 0 做了分母或者运算溢出，产生了超出双精度浮点数数值范围的结果；非数值量的产生则是因为 0/0 或者 Inf/Inf 型的非正常运算。

两个 NaN 彼此是不相等的。

表 2-5　　　　　　　　　　　　　　符号常量（特殊函数）

常量（特殊函数）	含　义
ans	用于存储计算结果的默认变量名
pi	圆周率π的双精度表示
i 或 j	用于复数单位，即 $i^2=j^2=-1$
Inf 或 inf	无穷大，前面可加+或 −
NaN	非数值量，产生于 0/0、∞/∞
eps	容错量，非常接近于 0，计算机上的值为 2^{-52}
date	当前日期
Realmin 或 realmin	MATLAB 所能表示实数的最小绝对值
Realmax 或 realmax	MATLAB 所能表示实数的最大绝对值
version	MATLAB 版本信息，如 8.3.0.532 (R2014a)

【例 2-7】　显示符号常量 eps、realmin、realmax 的值。

```
>> eps
ans =
   2.2204e-16
>> realmin
ans =
  2.2251e-308
>> realmax
ans =
  1.7977e+308
```

【例 2-8】　创建无穷量和非数值量。

```
>> clear
>> x=1/0                    %产生正无穷大
x =
```

```
   Inf
>> y=log(0)                          %产生负无穷大
y =
   -Inf
>> z=0/0                             %产生非数值量
z =
   NaN
```

2.2.2　变量

变量是在程序运行中值可以改变的量，变量由变量名来表示。在 MATLAB 中，变量名的命名有自己的规则，可以归纳成如下几条。

● 变量名必须以字母开头，且只能由字母、数字或者下划线 3 类符号组成，不能含有空格和标点符号（如、,、。、% ）等。

● 变量名区分字母的大小写。例如，"name" 和 "Name" 是不同的变量。

● 变量名不能超过 63 个字符，第 63 个字符后的字符将被忽略。对于 MATLAB 6.5 以前的版本，变量名不能超过 31 个字符。

● 关键字不能作为变量名。

作为一种编程语言，MATLAB 中为编程保留了一些关键字，如 break、case、catch、classdef、continue、else、elseif、end、for、function、global、if、otherwise、parfor、persistent、return、spmd、switch、try、while 等，这些关键字在程序编辑窗口中会以蓝色显示，它们是不能作为变量名的，否则会出现错误。

【例 2-9】 变量赋值。

```
>> a=3.14
a =
    3.1400
>> class(a)                          %函数 class 是用来判断变量数据类型的
ans =
double                               %变量 a 是双精度的浮点型数据
>> a='hello!'                        %变量 a 重新赋值
hello!
>> class(a)
ans =
char                                 %变量 a 是字符串型的数据
>> pi*2                              %表达式的值没给任何自定义变量时，就送给系统特殊变量 ans
ans =
    6.2832
>> b=int16(123)
b =
    123
>> c=int32(123)
c =
        123
>> d=int64(123)
d =
        123
```

2.3 标量与数组

2.3.1 标量

单个的值或变量称为标量。标量可以看成是数组的特例。

2.3.2 数组

1. 向量

数学中的向量可以分为行向量和列向量，在 MATLAB 中可以看成一维数组。

2. 矩阵

数学中的矩阵在 MATLAB 中可以看成二维数组。

向量、矩阵和数组是 MATLAB 运算中涉及的一组基本运算量。它们各自的特点及相互间的关系可以描述如下。

（1）数组不是一个数学量，而是一个用于高级语言程序设计的概念。如果数组元素按一维线性方式组织在一起，那么称其为一维数组。一维数组的数学原型是向量。

如果数组元素分行、列排成一个二维平面表格，那么称其为二维数组。二维数组的数学原型是矩阵。

像 A = [1 2 3 4]就是一个含有 4 个元素的一维数组，而 B=[1 2;3 4]一个二行二列的二维数组。

如果元素在排成二维数组的基础上，再将多个行、列数分别相同的二维数组叠成一个立体表格，便形成三维数组。依此类推，便有了多维数组的概念。

> 在 MATLAB 中，数组的用法与一般高级语言不同，它不借助于循环，而是直接采用运算符，有自己独立的运算符和运算法则。

（2）矩阵是一个数学概念，一般高级语言并未将其作为基本的运算量，但 MATLAB 是个例外。

一般高级语言是不认可将两个矩阵视为两个简单变量而直接进行加、减、乘、除的，要完成矩阵的四则运算必须借助于循环结构。

在 MATLAB 将矩阵引入作为基本运算量后，上述局面改变了。MATLAB 不仅实现了矩阵的简单加、减、乘、除运算，而且许多与矩阵相关的其他运算也因此大大简化。

如 $A = [1\ 2; 3\ 4]$，$B = [5\ 6; 7\ 8]$是两个同阶的 2×2 阶的矩阵，因此在 MATLAB 中，可将它们看成两个常量进行诸如 $A+B$，$A-B$，$A*B$，A/B 这样的算术运算。

（3）向量是一个数学量，一般高级语言中也未引入，它可视为矩阵的特例。从 MATLAB 的工作区可以查看到：一个 n 维的行向量是一个 $1 \times n$ 阶的矩阵，而一个 n 维的列向量则可当成一个 $n \times 1$ 阶的矩阵。

如 $A = [1\ 2\ 3\ 4]$就是一个 4 维的行向量。也可看成是一个一维数组，还可看成是一个 1×4 阶的矩阵。

（4）标量的提法也是一个数学概念，但在 MATLAB 中，一方面可将其视为一般高级语言的简单变量来处理，另一方面又可把它当成 1×1 阶的矩阵，这一看法与矩阵作为 MATLAB 的基本运算量是一致的。

如 A=1 就是一个标量，也就是一般的简单变量，同时也可将它看成一个 1×1 阶的矩阵。

（5）在 MATLAB 中，二维数组和矩阵其实是数据结构形式相同的两种运算量。二维数组和矩阵的表示、建立、存储根本没有区别，区别只在于它们的运算符和运算法则不同。

例如，向命令窗口中输入 **A**=[1 2; 3 4]这个量，实际上它有两种可能的角色：矩阵 **A** 或二维数组 A。这就是说，单从形式上是不能完全区分矩阵和数组的，必须再看它使用什么运算符与其他量之间进行运算。

（6）数组的维和向量的维是两个完全不同的概念。数组的维是从数组元素排列后所形成的空间结构定义的：线性结构是一维，平面结构是二维，立体结构是三维，当然还有四维以至多维。向量的维相当于一维数组中的元素个数。

3. 字符串

字符串是 Matlab 中另外一种形式的运算量。正如前面介绍的那样，在 Matlab 中，字符串是用单引号来标示的，例如，S='I am a student.'。赋值号之后在单引号内的字符即是一个字符串，而 S 是一个字符串变量，整个语句完成了将一个字符串常量赋值给字符串变量的操作。

在 Matlab 中，字符串的存储是按其中字符逐个顺序单一存放的，且存放的是它们各自的 ASCII 码，由此看来字符串实际可视为一个字符矩阵，字符串中每个字符则是这个矩阵的一个元素。字符串可以看成一个向量。

与数值型类似，可以定义字符串矩阵,举列如下。

```
>> A=['aa','bb','cc';'dd','ee','ff']
A =
aabbcc
ddeeff
>> whos
  Name      Size                   Bytes  Class
  A         2x6                        24  char array
Grand total is 12 elements using 24 bytes
```

2.4　运　算　符

在 MATLAB 中运算符包括算术运算符、关系运算符和逻辑运算符，由这些运算符所组成的复杂表达式中同样具有运算的优先级。

2.4.1　算术运算符

算术运算符适用于标量、向量、矩阵及数组，因为标量、向量及数组也可看作矩阵进行运算。表 2-6 就以矩阵为主列出了相应的算术运算符。

表 2-6　矩阵算术运算符

运算符	名　称	示　例	使 用 说 明
+	加	$C=A+B$	$C(m,n)=A(m,n)+B(m,n)$
−	减	$C=A-B$	$C(m,n)=A(m,n)-B(m,n)$
*	乘	$C=A*B$	矩阵乘法法则，$C(m,n)=\sum_{l=1}^{L}A(m,l)*B(l,n)$

续表

运算符	名　称	示　例	使用说明
/	除或右除	$C=A/B$	线性方程组 $xB=A$ 的解，即 $C=A/B=A*B^{-1}$
\	反除或左除	$C=A \backslash B$	线性方程组 $Ax=B$ 的解，即 $C=A \backslash B=A^{-1}*B$
^	乘幂	$C=A^B$	当 A 和 B 其中一个或同时为标量时才有意义
'	共轭转置	$C=A'$	C 为 A 的共轭转置矩阵

表 2-6 中，A、B 可以同时为标量，或同时为矩阵（乘方^除外），或其中任意一个为标量，所有关于矩阵的运算均按照线性代数中的矩阵的运算规则进行。

表 2-7 中的运算主要是针对类似矩阵的数组而言的，一般称之为带点（.）的算术运算。

表 2-7　　　　　　　　　　　　矩阵算术运算符

运算符	名　称	示　例	使用说明
.*	矩阵乘或点乘	$C=A.*B$	$C(m,n)=A(m,n)*B(m,n)$
./	矩阵乘或点除	$C=A./B$	$C(m,n)=A(m,n)/B(m,n)$
.\	矩阵左除或点左除	$C=A.\backslash B$	$C(m,n)=B(m,n)/A(m,n)$
.^	矩阵乘幂或点乘幂	$C=A.^B$	$C(m,n)=A(m,n)^{\wedge}B(m,n)$
.'	转置	$C=A.'$	矩阵行转换为列，复元素不做共轭

【例 2-10】 设 $A=[1\ 2；3\ 4]$，$B=[5\ 6；7\ 8]$分别计算 $A*B$，$A.*B$ 的值。

```
>> A=[1 2;3 4];
>> B=[5 6;7 8];
>> C=A*B                    %计算结果符合线性代数中的矩阵相乘的运算规则
C =
    19    22
    43    50
>> D=A.*B                   %计算结果是按照数组定义的乘法运算规则，即对应元素相乘
D =
     5    12
    21    32
```

2.4.2　关系运算符

关系运算符可适用于标量、向量、矩阵及数组，规则如表 2-8 所示。

表 2-8　　　　　　　　　　　　关系运算符

运算符	名　称	示　例	使用说明
<	小于	A<B	1. A、B 都是标量，结果是或为 1（真）或为 0（假）的标量
<=	小于等于	A<=B	2. A、B 若一个为标量，另一个为矩阵，标量将与矩阵各元素逐一比较，结果为与运算矩阵行列相同的矩阵，其中各元素取值或为 1 或为 0
>	大于	A>B	
>=	大于等于	A>=B	3. A、B 均为矩阵时，必须行、列数分别相同，A 与 B 各对应元素相比较，结果为与 A 或 B 行列相同的矩阵，其中各元素取值或为 1 或为 0
==	等于	A==B	
~=	不等于	A~=B	4. ==和~=运算对参与比较的量同时比较实部和虚部，其他运算只比较实部

【例 2-11】 设 A = [1 2；3 4]，B = [5 6；7 8]，分别计算 A<B，A==B 的值。

```
>> E=A<B
E =
     1     1
     1     1
>> F=A==B
F =
     0     0
     0     0
```

2.4.3　逻辑运算符

逻辑运算符可适用于标量、向量、矩阵，规则如表 2-9 所示。

表 2-9　　　　　　　　　　　　　　　　逻辑运算符

运算符	名　　称	示　　例	使 用 说 明
&	逻辑与	A&B	1. A、B 都为标量，结果是或为 1（真）或为 0（假）的标量
|	逻辑或	A|B	2. A、B 若一个为标量，另一个为矩阵，标量将与矩阵各元素逐一做逻辑运算，结果为与运算矩阵行列相同的矩阵，其中各元素取值或为 1 或为 0
~	逻辑非	~A	
&&	先决与	A&&B	3. A、B 均为矩阵时，必须行、列数分别相同，A 与 B 各对应元素做逻辑运算，结果为与 A 或 B 行列相同的矩阵，其中各元素取值或为 1 或为 0
||	先决或	A||B	4. 先决与、先决或是只针对标量的运算

为提高运算速度，MATLAB 还定义了针对标量的先决与和先决或运算。先决与运算是当该运算符的左边为 1（真）时，才继续与右边的量做逻辑运算。先决或运算是当运算符的左边为 1（真）时，就不需要继续与该符号右边的量做逻辑运算，而立即得出该逻辑运算的结果为 1（真）；否则，就要继续与该符号右边的量做逻辑运算。

【例 2-12】 设 A = [1 2；0 4]，B=2，分别计算 A&B，A|B 的值。

```
>> A=[1 2;0 4];
    >> B=2;                    %B 在这里是个标量
    >> G=A&B
G =
     1     1
     0     1
>> H=A|B
H =
     1     1
     1     1
```

【思考】如果 A = [1 2；3 4]，B = [1 2 3]，则 A&B，A|B 结果会怎样?

2.4.4　运算符的优先级

运算符的优先级决定了一个复杂运算式的结合规则以及计算顺序，MATLAB 中各种运算符的优先级如表 2-10 所示。

表 2-10   运算符的优先级

优　先　级	运　算　符
最高	'（转置共轭）、^（矩阵乘幂）、.'（转置）、.^（矩阵乘幂）
↓	~（逻辑非） *、/（右除）、\（左除）、.*（矩阵乘）、./（矩阵右除）、.\（矩阵左除） +、− :（冒号运算） <、<=、>、>=、==（恒等于）、~=（不等于） &（逻辑与） |（逻辑或） &&（先决与）
最低	||（先决或）

【例 2-13】 设 A=[1 2 3;4 0 5]，B=[1 0 1;1 1 0]，分别计算 A&B，A<B|A>B，A|B。

```
>> A=[1 2 3;4 0 5];
>> B=[1 0 1;1 1 0];
>> A&B
ans =
     1     0     1
     1     0     0
>> A<B|A>B
ans =
     0     1     1
     1     1     1
>> A|B
ans = 1     1     1
      1     1     1
```

2.5 命令、函数、表达式和语句

使用常量、变量、运算符以及矩阵等可组成 MATLAB 中的表达式和语句，表达式和语句是编程语言的基本单位，除此之外，还包括命令和函数。

2.5.1 命令

命令是在命令窗口执行的指令，前面介绍命令窗口时已经介绍了一些常用的命令，在 MATLAB 中，命令与函数都组织在函数库里，专门的函数库 general 就是用来存放通用命令的。一个命令也是一条语句。

2.5.2 函数

与 C 语言类似，MATLAB 也包含自定义函数和内置函数。通常对于复杂的程序，可以将其分解为多个简单函数，再按照调用规则调用。

函数最一般调用格式是：

变量=函数名(参数1，参数2，…)

MATLAB 常用数学函数（库函数）如下。

1. 三角函数和双曲函数（表 2-11）

表 2-11　　　　　　　　　　　　　　　三角函数和双曲函数

名　称	含　义	名　称	含　义	名　称	含　义
sin	正弦	csc	余割	atanh	反双曲正切
cos	余弦	asec	反正割	acoth	反双曲余切
tan	正切	acsc	反余割	sech	双曲正割
cot	余切	sinh	双曲正弦	csch	双曲余割
asin	反正弦	cosh	双曲余弦	asech	反双曲正割
acos	反余弦	tanh	双曲正切	acsch	反双曲余割
atan	反正切	coth	双曲余切	atan2	四象限反正切
acot	反余切	asinh	反双曲正弦		
sec	正割	acosh	反双曲余弦		

2. 指数函数（表 2-12）

表 2-12　　　　　　　　　　　　　　　指数函数

名称	含义	名称	含义	名称	含义
exp	e 为底的指数	log10	10 为底的对数	pow2	2 的幂
log	自然对数	log2	2 为底的对数	sqrt	平方根

3. 复数函数（表 2-13）

表 2-13　　　　　　　　　　　　　　　复数函数

名　称	含　义	名　称	含　义	名　称	含　义
abs	绝对值	conj	复数共轭	real	复数实部
angle	相角	imag	复数虚部		

4. 圆整函数和求余函数（表 2-14）

表 2-14　　　　　　　　　　　　圆整函数和求余函数

名　称	含　义	名称	含　义
ceil	向+∞圆整	rem	求余数
fix	向 0 圆整	round	向靠近整数圆整
floor	向-∞圆整	sign	符号函数
mod	模除求余		

5. 矩阵变换函数（表 2-15）

表 2-15　　　　　　　　　　　　　矩阵变换函数

名　称	含　义	名　称	含　义
fiplr	矩阵左右翻转	diag	产生或提取对角阵
fipud	矩阵上下翻转	tril	产生下三角
fipdim	矩阵特定维翻转	triu	产生上三角
Rot90	矩阵反时针 90 翻转		

6. 其他函数（表 2-16）

表 2-16　　　　　　　　　　　　　　其他函数

名　称	含　义	名　称	含　义
min	最小值	max	最大值
mean	平均值	median	中位数

名　称	含　义	名　称	含　义
std	标准差	diff	相邻元素的差
sort	排序	length	个数
norm	欧氏（Euclidean）长度	sum	总和
prod	总乘积	dot	内积
cumsum	累计元素总和	cumprod	累计元素总乘积
cross	外积		

2.5.3　表达式

表达式是由运算符，常量，变量（含标量、向量、矩阵、数组等），函数等多种运算对象组成的运算式，例如：

```
{x*y/t+5&b-sin(x*pi)
```

就是一个表达式。当计算该表达式的值时，需要考虑各种运算符的优先级。

【例 2-14】 设 A = [1 2；3 4]，B=2，计算表达式 2+4&B>=A.^2 的值。

```
>> 2+4&B>=A.^2
ans =
     1     0
     0     0
```

【分析】要求的表达式中，根据运算符的优先级，先算 A.^2 = [1 4；9 16]，接着算 2+4 = 6 ，再算 B>=A.^2 = [1 0；0 0]，最后是 4&[1 0；0 0]的结果为[1 0；0 0]。由于没有让某个变量接收该表达式的值，所以看到该表达式的值给了 MATLAB 中的特殊变量 ans。

【思考】计算表达式 2+(4&B>=A.^2)的值，结果会怎样？

2.5.4　语句

在 MATLAB 中，表达式本身即可视为一个语句。最典型的 MATLAB 语句是赋值语句，其一般的结构是：

```
{a=sin(x)
```

在 C 语言中，这也视为一个表达式来处理，其中"="称为赋值运算符，在 MATLAB 中亦可同样理解。

习　题

1．用 int32 定义两个变量并给出初值，求出它们的和、差、积、商，并查看变量所属类型。

2．用 int8 定义变量 a，用 int16 定义变量 b，用 int32 定义变量 c，能否让它们进行混合运算？

3．用 int8 定义变量 a，用 int16 定义变量 b，用 int32 定义变量 c，能否让各自变量的值与整数或实数进行运算？

4．int64 型的变量能与整数或实数进行运算吗？

5．给定 A=[1 2 3;4 5 6]，B=8，求 A&B，A|B，A>B。

6．给定 A=[1 2 3;4 5 6]，B=[1 0 1；2 3 0]，求 A&B，A|B，A<B。

7．给定 A=[1 3 5；2 4 6]，B=[3 6 9;2 4 7]，求 A+B，A.*B，A./B。

8．给定 A=[2 4 6;1 3 5]，B=[1 3;5 7;9 11]，求 A*B。给定矩阵 A=[1 2 3;4 5 6;7 8 9]，求 A^2。

第3章
MATLAB 程序设计

【本章概述】

本章内容包含：脚本文件的建立、编辑与打开，函数文件的建立、编辑与打开，脚本文件、函数文件的运行，变量的作用域，if 语句和 switch 语句，for 语句和 while 语句，匿名函数、内联函数及函数句柄。

3.1　程序设计概述

3.1.1　命令窗口编写程序

在命令窗口中编写程序是将所有程序的命令书写在命令窗口中，并一条一条地执行。但该方式的文件不能永久保留，并且运行速度慢，只适应程序代码较少的情形。该方式称为交互式命令行操作方式。

3.1.2　编辑窗口编写程序

MATLAB 除了可以在命令窗口下编写行命令外，还可以像其他高级计算机语言一样编写 MATLAB 程序，进行程序设计，而且与其他几种高级计算机语言比较起来，它还有许多无法比拟的优点。本章将介绍在 M 文件的编程工作方式下，MATLAB 程序设计的概念和基本方法。

在 M 文件的编程工作方式下，MATLAB 可以像其他高级计算机语言一样进行程序设计，在编辑窗口中编写一种以.m 为扩展名的 MATLAB 程序（简称 M 文件）。

3.2　脚　本　文　件

MATLAB 语言是一种高效的编程语言，可以用普通的文本编辑器把一系列 MATLAB 语句写在一起构成 MATLAB 程序，然后存储在一个文件里，文件的扩展名为.m，因此称为 M 文件。这些文件都是由纯 ASCII 码字符构成的，在运行 M 文件时只需在 MATLAB 命令窗口下输入该文件名即可。

M 文件有两种形式：脚本文件（Script File）和函数文件（Function File）。脚本文件通常用于执行一系列简单的 MATLAB 命令，运行时只需输入文件名字，就会自动按顺序执行文件中的命令。函数文件和脚本文件不同，它可以接收参数，也可以返回参数，在一般情况下，用户不能靠单独输入其文件名来运行函数文件，而必须由其他语句来调用，MATLAB 的大多数应用程序都以函数文件的形式给出。

M 文件是由一系列基本命令、表达式、基本语句、程序控制流语句、循环语句等组成的程序文件，任何在命令方式"＞＞"下可以执行的语句和命令都可以包含在 M 文件中。

3.2.1　M 文件的编辑

1. 新建文件

新建文件有以下 3 种方式。

● 最简单的方法是单击 MATLAB 主界面工具栏上的图标。

● 在命令窗口输入 edit 语句建立新文件，或输入 edit filename 语句，打开名为 filename 的 M 文件，在弹出文件不存在的提示框中，单击"Yes"按钮，则建立名为 filename 新的 M 文件。

● 利用 MATLAB 主界面的主页│新建子菜单，再从下拉菜单中选择"脚本或函数"选项。

如果已经打开了文件编辑器后需要再建立新文件，可以用编辑器的菜单或工具栏上相应的图标进行操作。

2. 打开文件

打开文件有以下 3 种方式。

● 单击 MATLAB 主界面工具栏上的图标，弹出"打开文件"（Open）对话框，选择已有的 M 文件，单击"打开"按钮。

● 输入 edit filename 语句，打开名为 filename 的 M 文件。

● 利用 MATLAB 主界面的主页│打开子菜单，弹出"打开"对话框，选择已有的 M 文件，单击"打开"按钮。

如果已经打开了文件编辑器后需要再打开其他文件，可以用编辑器的菜单或工具栏上相应的图标进行操作。

3. 编辑文件

虽然 M 文件是普通的文本文件，在任何文本编辑器中都可以编辑，但 MATLAB 系统提供了一个更方便的内部编辑/调试器，如图 3-1 所示。

图 3-1　文本编辑器

对于新建的 M 文件，可以在 MATLAB 编辑/调试器的编辑窗口编写新的文件；对于已有的 M

文件，打开后其内容显示在编辑窗口中，用户可以对其进行修改。

3.2.2　M 脚本文件

脚本文件是 M 文件中最简单的一种，不需要输入/输出参数，用命令语句可以控制 MATLAB 命令工作空间的所有数据。在运行过程中，产生的所有变量均是命令工作空间变量，这些变量一旦生成，就一直保存在内存空间中，除非用户执行 clear 命令将它们清除。

运行一个脚本文件等价于从命令窗口中顺序运行文件里的语句。由于脚本文件只是一串命令的集合，因此只需像在命令窗口中输入语句那样，依次将语句编辑在脚本文件中即可。

【例 3-1】　编程计算 1~100 之和。

```
% ex3_1.m
x=1:100;          % 此处生成一个向量 x，其元素为 1~100
result=sum(x)     %调用函数 sum 求向量元素之和
```

将其保存为 ex3_1.m，在命令提示符下运行，只需要输入文件名。例如：

```
ex3_1
```

在命令窗口得到的结果为：

```
result =
5050
```

也可以在 ex3_1.m 源文件的编辑窗口中单击工具栏上的运行按钮 ，直接运行，在命令窗口得到的结果为

```
result =
5050
```

该程序还可以用后面将要介绍的循环结构来实现（for 语句或 while 语句都可以）。

建议读者在编写 M 文件时，在语句后加一些注释以增加可读性和可理解性，注释以符号"%"引导，程序执行时将忽略这些注释，在文件中注释仅起到说明作用。

3.3　函　数　文　件

3.3.1　函数文件的命名规则

函数文件的名字必须与函数名相同。函数文件不能直接运行，必须在命令窗口中或在其他脚本文件中调用。

按照结构化程序设计的思想，通常将一个复杂问题分解为若干简单问题，即用函数来实现，因此函数在程序语言中具有十分重要的地位。

函数文件区别于脚本文件之处在于脚本文件的变量为命令工作空间变量，在文件执行完成后保留在命令工作空间中；而函数文件内定义的变量为局部变量，只在函数文件内部起作用，当函数文件执行完后，这些内部变量将被清除。

3.3.2　函数文件的定义及调用

M 函数文件的第一个可执行行必须是 function，这一行也称为函数头部，其中定义了函数名、

参数以及返回值。函数的另外一个必不可少的部分就是函数体，函数体中可以包括任意的MATLAB 命令、表达式、语句、分支结构和循环结构，同时它也可是对其他函数的调用语句。

　　MATLAB 的函数文件必须以"function"开头，每一个函数文件都要定义一个函数。通过输入变量或者参数，将改变函数的输出变量。也就是说，函数文件接收输入变量或者输入参数，经函数处理后，再将结果输出来。

　　函数的定义格式如下：

```
function [输出变量列表] =函数名(变量参数列表)
```

　　函数的调用格式如下所示：

```
[输出变量列表] =函数名(输入变量列表)
```

【例 3-2】　创建一个画二次时域曲线的函数，参数 a，b，c 为函数的输入参数。

```
function z=ex3_2(a, b, c)        % 二次函数曲线
x=-10:0.1:10;
z=a.*x.*x+b.*x+c;
plot(x,z);
```

假设输入参数 a，b，c 分别为 1，1，1，则函数图像如图 3-2 所示。

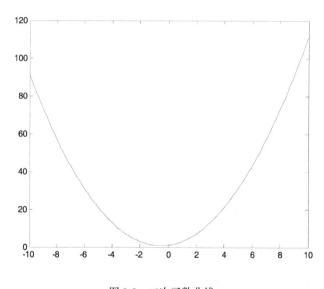

图 3-2　二次函数曲线

● 脚本文件和函数文件的文件名及函数名的命名规则与 MATLAB 变量的命名规则相同。

● 脚本文件可以直接运行，而函数文件不能直接运行，可以在其他脚本文件中给定参数值调用运行，也可以在命令窗口中给定参数值调用运行。

3.4　变量的作用域

在 MATLAB 中，无论在脚本文件中还是在函数文件中，都会定义一些变量。根据变量的作

用域不同，将程序中的变量分为局部变量和全局变量。

3.4.1　局部变量

函数文件所定义的变量是局部变量,这些变量独立于其他函数的局部变量和工作空间的变量,即只能在该函数的工作空间引用，而不能在其他函数的工作空间和命令工作空间引用。

3.4.2　全局变量

全局变量是可以在不同的函数工作空间和 MATLAB 工作空间中共享使用的变量，所以如果某些变量被定义成全局变量，就可以在整个 MATLAB 工作空间进行存取和修改，以实现共享。因此，定义全局变量是函数间传递信息的一种手段。

用命令 global 定义全局变量，其格式为：

```
global A B C
```

将 A、B、C 这 3 个变量定义为全局变量。全局变量在使用前必须用 global 定义，而且每个要共享全局变量的函数和工作空间，都必须逐个用 global 对变量进行定义。

在 M 文件中定义全局变量时，如果在当前工作空间中已经存在相同的变量，系统将会给出警告，说明由于将该变量定义为全局变量，可能会使变量的值发生改变。为避免发生这种情况，应该在使用变量前先将其定义为全局变量。

在 MATLAB 中，对变量名是区分大小写的，因此为了在程序中分清楚而不至于误声明，习惯上可以将全局变量定义为大写字母。

3.5　程序流程与结构

MATLAB 跟其他的大多数计算机语言一样，有各种程序流程控制结构，如顺序结构、分支结构、循环结构等。

3.5.1　分支结构

文件在程序设计中，通常需要根据不同条件执行不同的语句，一类是根据逻辑表达式的真、假值来确定，称为条件分支；而另一类是根据表达式的多个取值不同来执行多路语句，称为多分支。

1. 条件分支结构 if

在大多数高级语言中，有时需要根据不同的条件去执行不同的程序，实现方法是通过对某个设定的条件进行判断，根据判断结果来执行不同的语句，此时需要用到条件分支结构。格式如下：

```
if 表达式
语句1
else
语句2
end
```

在这里，如果表达式为真，则执行语句 1；如果表达式为假，则执行语句 2。如果表达式为假时，不需要执行任何语句，则可以去掉 else 和语句 2。其中语句 1 和语句 2 可以是多条语句组成的复合语句，而这些语句并不需要像 C 语言一样用 { } 括起来。if 条件语句同样可以嵌套使用。

2. 多分支语句 switch

if 语句适用于条件表达式的结果为"真"或"假"两种取值的情况，而当条件表达式的取值有两个以上时，需要使用多分支语句 switch 结构。格式如下：

```
switch 表达式
case 表达式 1
语句 1
case 表达式 2
语句 2
⁝
case 表达式 n
语句 n
otherwise
语句 n+1
end
```

当表达式的值等于表达式 1 的值时，执行语句 1；当表达式的值等于表达式 2 的值时，执行语句 2；……当表达式的值等于表达式 n 的值时，执行语句 n；当表达式的值不等于任何 case 后面所列的表达式时，执行语句 n+1。任何一个分支语句执行完后，都直接转到 end 语句的下一条语句。

3. 错误控制 try-catch

在程序执行过程中，有时先执行某些语句并观察是否正确，而当出现错误时再执行其他语句，此时可以用到 try-catch 结构。格式如下：

```
try
语句 1
catch
语句 2
end
```

它先试探性地执行语句 1，如果出错，则将错误信息存入系统保留变量 lasterr 中，然后再执行语句 2；如果不出错，则转向执行 end 后面的语句。此语句可以提高程序的容错能力，增加编程的灵活性。

3.5.2　循环结构

在 MATLAB 中实现循环结构的语句有两种：for 循环语句和 while 循环语句，这两种语句不完全相同，各有特色。

1. for 循环

for 循环允许一组命令以固定的和预定的次数重复。for 循环的一般形式是：

```
for 循环控制变量=表达式 1:表达式 2:表达式 3
语句
end
```

表达式 1 的值为循环控制变量的初值；表达式 2 的值为步长，每执行循环体一次，循环控制变量的值将增加步长大小，步长可以为负值，当步长为 1 时，表达式 2 可省略；表达式 3 为循环控制变量的终值，当循环控制变量的值大于终值时循环结束。在 for 循环中，循环体内不能重新设置对循环控制变量，否则将会出错。for 循环允许嵌套使用。

【例 3-3】　求 1～50 的和。

```
% ex3_3.m
sum=0;          % 设定初始值
for n=1:50      % 表达式 2 省略时，默认为 1
sum=sum+n;
end
sum
```

将上述文件保存为 ex3_3.m，在命令方式下输入 ex3_3，结果如下：

```
 ex3_3
sum =
1275
```

2. while 循环

for 循环的循环次数往往是固定的，而 while 循环可不定循环次数，其一般形式为：

```
while 关系表达式
语句
end
```

只要在表达式里的所有元素为真，就执行 while 和 end 语句之间的"语句"。通常，表达式的求值给出一个标量值，但矩阵值也同样有效。在矩阵情况下，所得到矩阵的所有元素必须都为真。while 语句允许嵌套使用。

【例 3-4】　求 1～50 的和。

```
% ex3_4.m
sum=0;  % 设定初始值
n=1;
while n<=50
sum=sum+n;
n=n+1;
end
fprintf('sum=%d\n',sum);
```

将上述文件保存为 ex3_4.m，在命令方式下输入 ex3_4，结果如下：

```
ex3_4
sum =
1275
```

3. break、continue 和 pause 语句

与 C 语言一样，在循环语句中可以使用 break 和 continue 语句对程序流程进行控制，而 pause 可以暂停程序的执行。

break 语句终止本层 for 或 while 循环，跳转到本层循环结束语句 end 的下一条语句。

对于 continue，在 for 循环或 while 循环中遇到该语句，将跳过其后的循环体语句，进行下一次循环。

pause 语句的作用是暂停程序的执行，直到按任意键为止。

其调用格式如下：

● pause，暂停程序运行，按任意键继续；

● pause(n)，程序暂停运行 n 秒后继续；

● pause on/off，允许/禁止其后的程序暂停。

【例 3-5】　输入一个正整数 m，若为素数则输出。

```
clear
clc
m=input('m');
for i=2:m-1
    if mod(m,i)==0
        break;
    end
end
if i>=m-1
    fprintf('%d ',m);
end
```

3.6　匿名函数、内联函数及函数句柄

MATLAB 中的函数可分为：匿名函数、M 文件主函数、嵌套函数、子函数，还包括私有函数及重载函数。

3.6.1　匿名函数

匿名函数通常是简单的函数，不需要编写 M 文件。匿名函数是面向命令行代码的函数形式，通常由一句简单的声明语句组成。

创建的标准形式是：

```
fhandle=@(arglist)expr
```

其中：arglist 为参数列表，指出了函数的参数列表，用","分隔；expr 为关于参数列表的表达式形式；前缀@是固定的，等号右边表示将该函数句柄赋值给变量 fhandle。

【例 3-6】 定义一个匿名函数来计算 x^3+y^3 的值。

```
fhandle=@(x, y)(x.^3+y.^3)
```

此处定义了一个匿名函数来计算 x^3+y^3 的值，其中 x 和 y 可以是矩阵。运行如下：

```
fhandle=@(x, y)(x.^3+y.^3);
a=5; b=8;
fhandle(a,b)
ans =
637
```

3.6.2　内联函数

内联函数是 MATLAB 中另一种可以实现函数功能的对象，它的创建形式非常简单。其调用格式如下：

```
inline('string',arg1,arg2,…)
```

其中：'string'必须是不带赋值号 "=" 的字符串；arg1, arg2 等是函数的输入变量。

【例 3-7】 创建内联函数实现 $f(x,y)=\cos(x)e^{xy}$

```
f =inline('cos(x)*exp(x*y)','x','y')
f=
inline function;
f(x,y)=cos(x)*exp(x*y)
```

如果输入变量设置为 $x=1$，$y=2$，则输入形式和结果如下所示：

```
Z=f(1,2)
Z=
3.9923
```

3.6.3　函数句柄

函数句柄实际上提供了一种函数调用的间接方法，创建函数句柄要用到操作符@。前面所讲的匿名函数实际上创建了一种函数句柄。MATLAB 中的各种函数都可以创建函数句柄。

创建函数句柄的方法如下：

```
fhandle=@filename;
```

其中：filename 就是所对应的 M 函数文件名或库函数名；fhandle 保存了该 M 文件或库函数的句柄，通过句柄 fhandle 即可调用相应的 M 文件或库函数。

【例 3-8】　创建函数句柄。

```
a=@cos;
a(pi)
ans =
-1
```

该例中，将内置函数 cos(x)的句柄赋值到变量 a，然后通过 a 可以实现对函数 cos 的间接调用。

【例 3-9】　自定义函数 SumMax(X)句柄。

假如定义了函数 SumMax(X)，求向量元素之和以及最大值。

```
% SumMax.m
function [a,b] = SumMax(X)
m=max(size(X));
a=0;
for n=1:m
a=a+X(n);
end
b=max(X);
end
```

将上述程序保存为 SumMax.m。采用函数句柄的方法来实现：

```
b=@SumMax;
y=[3,2,10,12,6];
 [c,d]=b(y)
c =
33
d =
12
```

在该例中，将定义的 M 函数文件句柄赋值给变量 b，通过 b 间接实现对函数 SumMax 的调用。

在 MATLAB 中，函数句柄是一个非常有特色且非常有用的功能，能编写很多通用的程序。

【例 3-10】　编程绘制函数图形。

```
% drawtest
function drawtest(h)
x=-pi:0.2:pi;
y=h(x);
plot(x,y)
xlabel('x');
ylabel('y');
end
```

将上述程序保存为 drawtest.m，在命令窗口输入 drawtest(@sin)，则可以绘制 sin(x)在区间(-π，π)上的函数图形，如图 3-3（a）所示。

而如果输入 drawtest(@cos)，则可以绘制 cos(x)在区间(-π，π)上的函数图形，如图 3-3（b）所示。

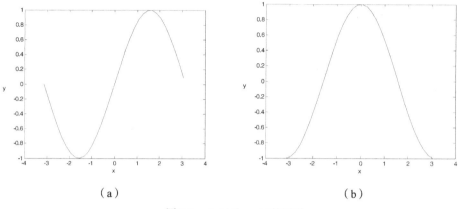

（a）　　　　　　　　　　　　　（b）

图 3-3　sin(x)及 cos(x)的图形

上例中，函数 drawtest 包含一个形参 h，这是一个文件句柄参数，通过传递不同的函数句柄绘制相应的函数图形。

3.7　路　径　设　置

打开 MATLAB 时，系统默认的文件路径是安装 MATLAB 时所确定的文件路径，如 C:\Program Files\MATLAB\R2014a\bin，如果需要指定自己的工作路径，可以用下面的方法进行设置。

3.7.1　在命令窗口设置

例如，在命令方式下输入：

```
cd d:\test
```

此时，系统将文件夹 d:\test 设置为当前的工作路径。

3.7.2　在文件夹窗口设置

也可以在"Current Folder"窗口中选择自己的当前工作路径，如图 3-4 所示。

选择和确定了自己的工作路径即当前文件夹以后，所有的文件都将保存在这个路径下。

对于自定义函数、M 文件以及从自其他方面获得的一些专用程序或函数文件，通常保存在特定的文件夹下，不能直接使用，需要设置查找路径，可利用 MATLAB 的主界面主页|设置路径来设置查找路径，如图 3-5 所示。

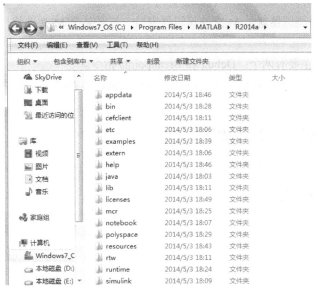

图 3-4　选择当前工作路径

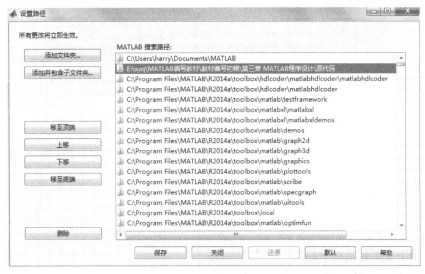

图 3-5　"设置路径"对话框

通过"添加文件夹"按钮将相关的文件夹加入查找路径列表中并单击"保存"按钮进行保存，当需要调用这些路径下的文件时，系统将自动查找。

3.8　程序调试与优化

M 文件编辑完成之后，即可直接运行，而不需要进行编译。与 C 语言等其他编程语言一样，在程序运行中可能会出现一些语法错误以及逻辑错误，这时需要反复对程序进行检查和修改，直到得到正确的结果为止。

MATLAB 通常会在出现错误的行下面显示出错信息，读者需要根据出错信息进行有针对性的检查和修改。

MATLAB 的程序调试器就是 M 文件编辑器窗口，打开某个 M 文件就打开了 M 文件编辑/调试器窗口。

用于调试的指令主要有两个：Debug 和 Breakpoints 指令。

通过调试指令或者工具栏都可以设置断点，方便而快捷地查找出程序中的错误，帮助程序设计者进一步调试和优化程序。

3.8.1　在 Debug 窗口调试程序

用 open 打开 M 文件并进入 Debug 窗口。

3.8.2　设置断点

Breakpoints 选项主要用来设置和清除断点，断点分为标准断点、条件断点和错误断点等。设置断点时要在需要暂停的语句行前面加上一个大红点，如图 3-6 所示，如果不再需要设置此断点，可以单击这个大红点，断点设置就会自动消除。

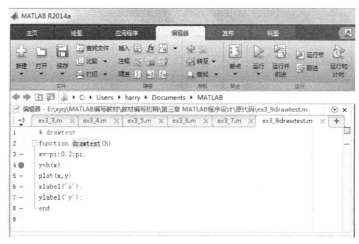

图 3-6　设置断点

断点选项下主要包括以下的几个小项。

（1）全部清除：清除所有文件中的全部断点。

（2）设置/清除：设置或清除当前行上的断点。

（3）启用/禁用：启用或禁用当前行上的断点。

（4）设置条件：设置或修改条件断点。

（5）错误处理：出现错误和警告时停止。

（6）更多错误和警告处理选项。

习　　题

1. 什么是 M 文件？M 文件文件有哪两种形式？哪种形式可以有输入和输出参数？

2. 脚本文件如何执行？

3. 怎样设置工作路径？如何直接执行非工作路径下的 M 文件？

4. M 函数文件如何保存？

5. 用户输入一个数，如果该数为正，则输出 1；如果为负，则输出-1；否则输出 0。请编写 M 脚本文件并在 MATLAB 中实现。

6. 编写 M 脚本文件，求所有 100 以内的奇数之和。

7. 编写 M 函数文件，求所有矩阵元素之和并返回。

8. 编写 M 文件实现当用户输入年和月时，输出相应月份的天数，注意对闰年的判断。

9. 用脚本文件输出九九乘法表。

10. 用函数文件求指定范围内的所有素数，并按每行 8 个的形式输出。

11. 利用函数文件和循环求一个向量的最大值、最小值和平均值。

12. 利用函数文件输出任意行的杨辉三角形。

第4章
向量与矩阵

【本章概述】

本章内容包含有：向量和矩阵的建立方法、向量和矩阵的访问、向量和矩阵的算术运算、向量和矩阵的关系运算、向量和矩阵的逻辑运算、向量和矩阵的基本函数运算、向量和矩阵的特殊运算。

4.1 向量和矩阵的创建

4.1.1 向量的创建（即一维数组的创建）

1. 直接输入法

直接输入法是指在命令提示符"＞＞"之后直接输入，格式如下：

```
向量名=[x1,x2,x3,…]
```

数据值之间可以用空格、逗号或分号分隔。

【例4-1】 直接输入法建立向量。

```
>>x=[3, 5, -2, sqrt(8), pi/4, 4+6i]      %行向量
>>y=[3  5  -2  sqrt(8)  pi/4  4+6i];     %行向量
>>z=[3; 5; -2; sqrt(8); pi/4; 4+6i];     %列向量
```

2. 冒号表达式法

如果强调的是向量元素之间的步长，则可采用冒号表达式法生成向量，其格式如下：

```
向量名=a:step:b
```

其中a为向量的第一个元素，step是步长，b为向量的最后一个元素的界限，step省略时系统默认步长为1。向量元素从a开始，当step为正数时，后续元素值逐步增加，但不能超过b值，当a>b时，生成空向量。当step为负数时后续元素值逐步减小，但不能小于b值，当a<b时，生成空向量。

【例4-2】 冒号表达式法建立向量。

```
>>x=1: 0.5: pi    %注意结果中的最后一个元素是3，而不是3.1416
x =
1.0000    1.5000    2.0000    2.5000    3.0000
>>y=1:10                      %省略步长，则步长为默认值1
y =
```

```
            1       2       3       4       5       6       7       8       9      10
>> x=pi:-0.5:1              %注意结果中的最后一个元素是 1.1416，而不是 1
x =
    3.1416    2.6416    2.1416    1.6416    1.1416
```

3. 函数法

如果强调的是向量元素的个数，则有两个函数可用来生成一维数组，分别是 linspace 函数和 logspace 函数。

linspace(a,b,n)，其中 a 为向量的第一个元素，b 为向量的最后一个元素，n 把[a~b]闭区间分成 n-1 等份，函数总共产生 n 个向量元素。如果省略 n，则默认生成 100 个向量元素。

【例 4-3】 函数法建立向量。

```
>> x=linspace(1,pi,5)      %请和冒号表达式法中的例子 x=1: 0.5: pi 比较
x =
    1.0000    1.5354    2.0708    2.6062    3.1416
```

logspace(a,b,n)，其中 10^a 为向量的第一个元素，10^b 为向量的最后一个元素，再把[a~b]闭区间分成 n-1 等份，作为 10 的幂次方生成中间元素，函数总共产生 n 个向量元素。

【例 4-4】 函数法建立向量。

```
>>logspace(1,2,5)      %分别是 10^1  10^1.25  10^1.5  10^1.75  10^2
ans =
       10.0000    17.7828    31.6228    56.2341   100.0000
```

4.1.2 向量的访问

对于行向量或列向量的单个元素的访问，可采用下标法，下标放在一对小括号中。如果是连续的多个元素的访问，用冒号法表示范围。如果是非连续的多个元素的访问，将这多个元素的下标排列在一对中括号中。

```
>> a=1:2:10
a =
    1     3     5     7     9
>>a(3)                  %单个元素的访问
    5
>> a(3:5)               %提取向量的多个连续的元素
ans =
    5     7     9
>> a([1 3 5])           %提取向量的多个非连续的元素
ans =
    1     5     9
```

4.1.3 矩阵的创建（即二维数组的创建）

1. 直接输入法

用一对中括号将所有矩阵元素包含进来，矩阵的行与行之间可用换行符或分号分隔。同一行的列元素之间用空格或逗号分隔。

【例 4-5】 直接输入法建立矩阵。

```
>> A=[
1 2 3
4 5 6
7 8 9]
A =
```

```
    1    2    3
    4    5    6
    7    8    9
>> B=[1 2; 3 4; 5 6]    %[1,2; 3,4; 5,6]可以达到相同效果
B =
    1    2
    3    4
    5    6
```

2. 函数生成法

rand(n)　　随机产生 n×n 的矩阵，每个元素都满足[0,1]上的均匀分布。

rand(m,n)　随机生成 m×n 的矩阵，每个元素都满足[0,1]上的均匀分布。

eye(n)　　　产生 n×n 的单位矩阵。

eye(m,n)　　产生 m×n 的单位矩阵。

zeros(n)　　产生 n×n 的全零矩阵。

zeros(m,n)　产生 m×n 的全零矩阵。

ones(n)　　　产生 n×n 的全 1 矩阵。

ones(m,n)　产生 m×n 的全 1 矩阵。

diag(A)　　　取矩阵 A 的对角元素构成一个向量。

diag(a)　　　将向量 a 转换为一个主对角矩阵。

magic(n)　　产生 n×n 的魔方方阵，n≥3。矩阵元素范围是 $1 \sim n^2$。各行和，各列和相等，且值为 sum(1:n^2)/n。

【例 4-6】 函数法建立矩阵。

```
>>A= rand(3)    %产生的元素在 0~1 的范围之内
A=
0.8147    0.9134    0.2785
0.9058    0.6324    0.5469
0.1270    0.0975    0.9575
>> a=diag(A)    %取 A 的对角上的元素形成向量
a =
    0.8147
    0.6324
0.9575
>> B=diag(a)    %向量 a 作为参数，则 diag 函数利用该向量参数构成如下的对角阵
B =
    0.8147         0         0
         0    0.6324         0
         0         0    0.9575
>> magic(3)    %产生的数字范围为 1~9。并且各行和，各列和都等于 15。
ans =
    8    1    6
    3    5    7
    4    9    2
```

3. 拼接法

可以用多个向量拼接成一个矩阵，或由小矩阵拼接成大矩阵。如果是拼接成更多行，则来源矩阵用分号或换行符分隔。如果是拼接成更多列，则来源矩阵用空格或逗号分隔。这与直接法输入矩阵时的分隔符是一样的。需要注意行方向或列方向的元素个数的匹配问题。也可以采用 repmat(A,M,N) 函数，通过复制矩阵 A 来构造新的 M×N 个 A 的大矩阵。

【例 4-7】 拼接法生成矩阵。

```
>> x=1:2:5   %直接输入法产生向量
x =
     1     3     5
>> y=rand(1,3)   %函数生成法产生向量
y =
 0.1419    0.4218    0.9157
>> A=[x; y]   %行方向拼接
A =
     1        3        5
 0.1419    0.4218    0.9157
>> B=[A ,eye(2,2)]   %列方向拼接
B =
    1.0000    3.0000    5.0000    1.0000         0
    0.1419    0.4218    0.9157         0    1.0000
>> C=repmat(A,3,2)   %将矩阵 A 看成一个元素,将其复制平铺成 3×2 的矩阵
C =
 1.0000    3.0000    5.0000    1.0000    3.0000    5.0000
 0.1419    0.4218    0.9157    0.1419    0.4218    0.9157

 1.0000    3.0000    5.0000    1.0000    3.0000    5.0000
 0.1419    0.4218    0.9157    0.1419    0.4218    0.9157

 1.0000    3.0000    5.0000    1.0000    3.0000    5.0000
 0.1419    0.4218    0.9157    0.1419    0.4218    0.9157
```

4.1.4　矩阵的访问

1. 访问单个元素

矩阵单个元素的访问,可采用下标法,下标放在一对小括号中,括号内可以是双下标也可以是单下标。例如,A(2,3)代表矩阵 A 的第二行第三列的元素,即行下标和列下标。A(6)代表矩阵 A 从列方向数起的第 6 个元素。

```
>> A=[1 2 3;4 5 6;7 8 9;10 11 12]
A =
     1     2     3
     4     5     6
     7     8     9
    10    11    12
>> A(2,3)        %双下标法,第一个参数代表行下标,第二个参数代表列下标
ans =
     6
>> A(6)          %单下标法,先数完第一列,再数第二列,依此类推,这里 A(6)==A(2,2)
ans =
     5
```

2. 子矩阵的提取

子矩阵的提取要复杂一些,也是用下标法,一般采用双下标法。行下标或列下标可以是单个数字,也可以是一个向量。如果下标是向量则必须满足向量的书写规则。例如,直接输入的向量,必须放在一对中括号内;冒号生成的向量可不用放入中括号;冒号单独出现代表所有行或所有列;单词 end 代表最后一行或最后一列。例如:

```
>>A=[1 2 3;4 5 6;7 8 9;10 11 12]
A =
      1     2     3
      4     5     6
      7     8     9
     10    11    12
>> B=A(2,[2 3])     %取矩阵 A 的行数为 2，列数为 2 和 3 的元素构成子矩阵 B
B=
      5     6
>> C=A(2:4,[2 3])   %取矩阵 A 的行数为 2~4，列数为 2 和 3 的元素构成子矩阵 C
C =
      5     6
      8     9
     11    12
>>D= A(:,[2 3])     %取矩阵 A 的所有行，列数为 2 和 3 的元素构成子矩阵 D
D=
      2     3
      5     6
      8     9
     11    12
>>A(2:end,end)      %取矩阵 A 的 2 到最后一行，列数为最后一列的元素构成子矩阵 E
E=
      6
      9
     12
```

也可以采用单下标法提取子矩阵，单下标放入一对中号括内。下标可以是一个矩阵，将生成一个和下标矩阵行列数一样的子矩阵。下标矩阵的每个元素就是来源矩阵的按列方向的索引。例如：

```
>> E=A([2:4;1 2 4;10:end])    %取矩阵 A 列方向的第 2~4 个元素作为子矩阵的第一行
E =                           %列方向的第 1、2、4 个元素作为子矩阵的第二行
      4     7    10           %列方向的第 10~12 个元素作为子矩阵的第三行
      1     4    10
      6     9    12
```

3. 空矩阵和非数值量 NaN

[]代表空矩阵，可以利用空矩阵删除矩阵的某些行或某些列。NaN 是 Not a Number 的缩写，规定 0/0，0/无穷大，无穷大/无穷大等运算均产生非数值量。NaN 不能比较大小。

```
>> A(3,:)=[]                   %[]表示空矩阵，可用来删除某些行或列
A =
      1     2     3
      4     5     6
     10    11    12
```

4.2　向量和矩阵的基本操作

标量可看成 1×1 的矩阵，向量可看成 $1 \times n$ 或 $n \times 1$ 的矩阵，二维数组即 $n \times m$ 的矩阵。$n \times n$ 的矩阵即为方阵。其主要的操作符运算有算术运算、关系运算、逻辑运算。

4.2.1　算术运算

按运算对象划分，算术运算可分为标量级的运算和矩阵运算。

1. 标量级的运算

标量级的运算是指对同型矩阵（两矩阵有相同的行数及列数）的每个元素分别进行相应的运算。主要有加法 "+"、减法 "-"、点乘 ".*"、点幂 ".^"、点左除 ".\"、点右除 "./"。另外如果是矩阵与标量进行运算，则矩阵的每个元素都与该标量进行运算。

【例 4-8】 矩阵的标量级运算。

```
>> A=[1 2 3;4 5 6];
>> B=[1 1 1;2 2 2];
>> R1=A+B      %同型矩阵相加，矩阵的对应元素相加
R1 =
     2     3     4
     6     7     8
>> R2=A-B      %同型矩阵相减，矩阵的对应元素相减
R2=
     0     1     2
     2     3     4
>> R3=A.*B     %同型矩阵点乘，矩阵的对应元素相乘
R3=
     1     2     3
     8    10    12
>> R4=A.^B     %同型矩阵点幂，对矩阵 A 的每个元素求与 B 对应的幂次方
R4 =
     1     2     3
    16    25    36
>> R5=A./B     %点右除，矩阵 A 的每个元素除以 B 的对应元素
R5 =
    1.0000    2.0000    3.0000
    2.0000    2.5000    3.0000
>> R6=A.\B     %点左除，矩阵 B 的每个元素除以 A 的对应元素
R6 =
    1.0000    0.5000    0.3333
    0.5000    0.4000    0.3333
```

2. 矩阵运算

矩阵运算主要包括矩阵的乘法、乘方和除法。

【例 4-9】 矩阵的基本运算。

```
A=[1 2; 3 4;5 6]
A =
     1     2
     3     4
     5     6
>> B=[1 0 1;2 1 0]
B =
     1     0     1
     2     1     0
>> R1=A*B      %对于矩阵乘'*'，左矩阵的列数必须等于右矩阵的行数

R1 =
     5     2     1
    11     4     3
    17     6     5
>> R2=R1^2     %方阵乘方
R2 =
```

```
         64    24    16
        150    56    38
        236    88    60
```

"\" 矩阵的左除(或 mldivide)，矩阵的除法有特殊的含义，可用于解线性方程组。例如，求解线性方程组 A*x=b，若 A 是 n 阶非奇异方阵，b 是一个 n 元列向量，则 x=A\b 是线性方程组的解。相当于 x=inv(A)*b, inv(A)是求矩阵 A 的逆。但是左除法无论在效率上还是精确度上都要优于求逆运算。左除法会针对不同的方阵 A 采用不同的求解过程。

```
>> A=[1 3 5;1 2 4;0 5 1];
>> b=[22 17 13]'
>> x=inv(A)*b;
x =
     1
     2
     3
>> x2=A\b
x2 =
    1.0000
    2.0000
    3.0000
```

"/" 矩阵的右除(或 mrdivide)，x=b/A，要求 A 是 n 阶方阵，b 是一个 n 元行向量，则 x=b/A 是线性方程组 x*A=b 的解，相当于 x=b*inv(A)，其在效率和精确度上要优于求逆运算。

4.2.2 关系运算

矩阵的关系运算全部是标量级的运算，要求运算符两边是同型矩阵。若矩阵与一个标量进行关系运算，则矩阵的每个元素都与该标量进行比较，得到一个同型结果矩阵，结果矩阵中的元素只能是 0 或 1。关系运算符有 ">" ">=" "<" "<=" "==" "~="。

【例 4-10】 矩阵的关系运算。

```
>> A=[1 2 3;4 5 6]
A =
     1     2     3
     4     5     6
>> B=[2 1 3;6 2 4]
B =
     2     1     3
     6     2     4
>> R1=A>B
R1 =
     0     1     0
     0     1     1
>> R2=(A==B)
R2 =
     0     0     1
     0     0     0
>> R3=(A~=B)
R3 =
     1     1     0
     1     1     1
```

4.2.3 逻辑运算

矩阵的逻辑运算是标量级的运算，要求运算符两边是同型矩阵。若矩阵与一个标量进行逻辑运算，则矩阵的每个元素都与该标量进行逻辑运算，得到一个同型的结果矩阵，结果矩阵中的元素只能是 0 或 1。逻辑运算中，非 0 为真，0 为假。

～ 逻辑非，对矩阵的每个元素进行取反操作。

& 逻辑与，对矩阵的对应元素进行逻辑与运算。

| 逻辑或，对矩阵的对应元素进行逻辑或运算。

&&短路逻辑与，仅应用于标量。表示左边为假则整个表达式为假，不再对右边的表达式进行计算。

||短路逻辑或，仅应用于标量。表示左边为真则整个表达式为真，不再对右边的表达式进行计算。

【例 4-11】 矩阵的逻辑运算。

```
>> A=[1 2 3;4 5 6]
A =
    1    2    3
    4    5    6
>> B=[0 1 0;3 0 7]
B =
    0    1    0
    3    0    7
>> R1=A&B
R1 =
    0    1    0
    1    0    1
>> R2=~B
R2 =
    1    0    1
    0    1    0
```

4.3　基本函数运算

4.3.1　标量级的基本函数

表 4-1 中这些函数本质上是针对于标量操作的，如果将其应用到向量或矩阵，则是对向量或矩阵的每个元素进行相应的操作。

表 4-1　　　　　　　　　　　　　　标量级的基本函数

三角函数类			
函数名称	功能介绍	函数名称	功能介绍
sin	正弦（弧度）	sind	正弦（角度）
cos	余弦（弧度）	cosd	余弦（角度）
tan	正切（弧度）	tand	正切（角度）
cot	余切（弧度）	cotd	余切（角度）
取整类			
Ceil	向正无穷大方向取整	floor	向负无穷大方向取整
fix	向零方向取整	round	四舍五入为整数

续表

指数对数类			
exp	指数	log	取以 e 为底的对数
log10	取以 10 为底的对数		
其他			
mod	取除法的余数	sqrt	求平方根
sign	符号函数	abs	取绝对值

【例 4-12】 矩阵的标量级函数运算。

```
>> r1=sin(pi/6)          %求 sin(pi/6), pi/6 为弧度值
r1 =
    0.5000
    >> sind(30)          %求 sin30°, 30 为角度值
r2 =
     0.5000
>> r3=fix(10*rand(3))    %向零方向取整, 因为随机数每次运行结果不同
r3 =
    7    0    6
    9    8    7
    6    9    7
>>r4=mod([1:5],3)        %求余运算
r4=
    1    2    0    1    2
>> r5=floor(rand(3)*10-5)%向负无穷大方向取整
r5=
   -4   -2    2
   -1    0   -3
    4   -3    0
>>r6=sign(r5)            % 符号函数, 矩阵元素大于 0 时为 1, 小于 0 时为-1,等于 0 时为 0
r6 =
   -1   -1    1
   -1    0   -1
    1   -1    0
```

4.3.2 向量级的函数

表 4-2 中这些函数本质上是应用于向量的, 如果将其应用于矩阵, 则以矩阵的每列为单位, 进行运算, 运算的结果会是一个行向量。也可以用参数 2 指定以每行为单位进行运算, 运算的结果则会是一个列向量。

表 4-2   向量级的函数

函 数 名 称	功 能 介 绍	函 数 名 称	功 能 介 绍
max	求最大值	min	求最小值
mean	求平均值	sum	求和
prod	求乘积	sort	排序
any	判断向量是否全 0	all	判断向量是否全 1

【例 4-13】 矩阵的向量级函数运算。

```
>> A=round(10*rand(3,4))    %4 舍 5 入取整
A =
    4    2    6    3
    8    5    7    7
    8    4    8    7
>> r1=max(A)              %求每列的最大值
r1 =
    8    5    8    7
>> r2=max(A,[],2)         %求每行的最大值,min 的语法格式与 max 相同,请自行验证
r2 =
    6
    8
    8
>> r3=mean(A)            %求每列的平均值
r3 =
    6.6667    3.6667    7.0000    5.6667
>> r4=mean(A,2)          %求每行的平均值。sum、prod 函数的语法格式与 mean 相同
r4 =
    3.7500
    6.7500
    6.7500
>> R1=sort(A)            %对每列排升序,若写为 sort(A,2) 则是对每行排升序
R1 =
    4    2    6    3
    8    4    7    7
    8    5    8    7
>> R2=sort(A,'descend')  %对每列排降序,若写为 sort(A,2,'descend') 则是对每行排降序
R2 =
    8    5    8    7
    8    4    7    7
    4    2    6    3
>> B=(rand(3,4)>0.5)     %rand 函数导致每次运行结果不同
B=
    0    0    1    1
    1    0    1    0
    0    0    0    0
>> r1=any(B)            %判断每列是否全 0。若全 0 则用标量 0 代替该列,否则用 1 代替该列
r5=
    1    0    1    1
>> r2=any(B,2)         %判断每行是否全 0。若全 0 则用标量 0 代替该行,否则用 1 代替该行
r6=
    1
    1
    0
>> r7=all(B)           %判断每列是否全 1。若全 1 则用标量 1 代替该列,否则用 0 代替该列
                       %若写为 all(B,2) 则是针对每行
r7 =
    0    0    0    0
```

4.3.3 矩阵函数

表 4-3 中这些函数是针对整个矩阵操作的基本函数,有些是改变矩阵结构的函数,有些是线性代数中的矩阵操作函数。

表 4-3   矩阵函数

函 数 名 称	功 能 介 绍	函 数 名 称	功 能 介 绍
reshape	改变矩阵的行列数	rot90	矩阵旋转
flipdim	镜像	size	求矩阵的大小
tril	矩阵下三角抽取	triu	矩阵上三角抽取
transpose	矩阵的转置	det	求方阵行列式的值
inv	求非奇异方阵(行列式的值为非 0)的逆矩阵	rank	计算矩阵的秩
find	矩阵查找		

【例 4-14】 矩阵函数运算。

```
>> A=ceil(10*rand(3,4))        %生成样例矩阵 A，因随机函数导致每次运行不一样
A =
    2   10    3    6
    2    4    8    7
    5    6    3    9
>> R1=reshape(A,2,6)          %把矩阵 A 按列方向排成一个序列，对该序列进行 m 行 n 列的生成
R1 =
    2    5    4    3    3    7
    2   10    6    8    6    9
>> R2=rot90(A)               %将矩阵逆时针旋转 90°。
                             %若写为 rot90(A,k)则是旋转 k*90°，k 为整数
R2 =
    6    7    9
    3    8    3
   10    4    6
    2    2    5
>> R3=flipdim(R2,1)          %对 R2 以水平方向做镜像，请对照 R2 和 R3 的值，R3 是 R2 的倒影
R3 =
    2    2    5
   10    4    6
    3    8    3
    6    7    9
>> R4=flipdim(R3,2)          %对 R3 以垂直方向做镜像
R4 =
    5    2    2
    6    4   10
    3    8    3
    9    7    6
>> size(R4)                  %返回一个向量，记录矩阵 A 的行数和列数
ans =
    4    3
>> [m,n]=size(R4)            % m 为矩阵 R4 的行数，n 为列数
m =
    4
n =
3
>> R5=tril(R4)              %抽取矩阵的下三角(包含对角)元素，其余元素补 0。
R5 =
    5    0    0
    6    4    0
    3    8    3
```

```
        9      7      6
>> R6=triu(R4)                    %抽取矩阵的上三角元素（包含对角）元素，其余元素补 0
R6 =
        5      2      2
        0      4     10
        0      0      3
        0      0      0
>> R7=transpose(R6)               %矩阵的转置，R6′ 能产生相同效果
R7 =
        5      0      0      0
        2      4      0      0
        2     10      3      0
```

find（X）函数，当 X 是向量时，返回 X 中所有不为 0 的元素的下标，通常 X 是一个关系表达式。例如，查找向量 X 中所有大于 5 的数：

```
>>X=fix(10*rand(1,8));
X =
        7      7      3      6      1      7      0      2
>>index=find(X>5)
index=
        1      2      4      6
>>Y=X(index)
Y =
        7      7      6      7
```

当 X 是矩阵时，则返回 X 中所有不为 0 的元素的下标，该下标是按列方向数的元素顺序。例如：

```
>> A=fix(10*rand(3))
A =
        0      6      0
        0      3      4
        8      9      3
>> index=find(A>5)
index =
        3
        4
        6
>> B=A(index)
B =
        8
        6
        9
>> [i,j,x]=find(A>5);              %当 find 函数带三个输出值时，i、j 向量分别表示行数和列数，x 表示为真值
>> [i,j,x]                         %这里表示满足条件的元素的下标是(3,1)，(1 2)，(3 2)
ans =
        3      1      1
        1      2      1
        3      2      1
```

4.4　向量的特殊运算

4.4.1　向量的点积和叉积

1. 点积

向量的点积即数量积，叉积又称矢量积。点积运算的定义是参与运算的两同型向量各对应位

置上元素相乘后，再将各乘积相加，结果为一个标量。

【例 4-15】 向量的点积。

```
>> a=rand(1,3)
a =
0.8147    0.9058    0.1270
>> b=rand(1,3)
b =
0.2785    0.5469    0.9575
>> r1=dot(a,b)   %两向量的点积
r1=
0.8439
>> sum(a.*b) %对两向量的点乘积结果求和
ans =
   0.8439
```

2. 叉积

从几何意义来说，向量 a 与 b 的叉积是一个新向量 c，c 的方向垂直于 a 与 b 所决定的平面。

【例 4-16】 向量的叉积。

```
>> c=cross(a,b)
c =
0.7979   -0.7447    0.1933
>> plot3([0;a(1)],[0;a(2)],[0;a(3)],'b-.','LineWidth',4)
>> hold on
>> plot3([0;b(1)],[0;b(2)],[0;b(3)],'g--','LineWidth',4)
>> plot3([0;c(1)],[0;c(2)],[0;c(3)],'r','LineWidth',4)
>> grid on
>> box on
>> legend('\bfa','\bfb','\bfc')
```

得到的结果如图 4-1 所示。c 与 a 和 b 所确定的平面垂直。

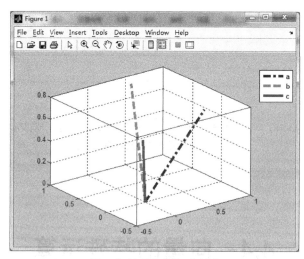

图 4-1　向量的叉积示意图

4.4.2　多项式及其函数

1. 多项式的建立

MATLAB 中用向量来代表多项式，向量的每个元素代表多项式的系数，幂次从高到低排列，

例如，$f(x)=x^3-10x^2+3x+4$，对应的向量如下：

```
>>p=[1 -10 3 4]
```

该多项式的根可以用函数 roots 求得：

```
>> r=roots(p)
r=
    9.6460
    0.8448
   -0.4908
```

给定一个根向量 r，用 poly 函数可以生成多项式，即获得多项式的系数向量。

```
>> poly(r)
ans =
     1.00    -10.0000    3.0000    4.0000
>> A=[3 -1; -1 3]
A =
     3    -1
    -1     3
>> tp=poly(A)          %当 poly 函数的参数是一个方阵时，获得的是该方阵的特征多项式
tp =
     1    -6    8
   >>r= roots(tp)       %对方阵的特征多项式求根，即可得特征值
r =
     4
     2
```

2. 计算多项式的值

计算多项式在多个点的值可用函数 polyval，例如

```
>> x=1:5
x =
     1     2     3     4     5
>> p
p =
     1    -10     3     4
>> y=polyval(p,x)          %求得 p 代表的多项分别在点 1、2、3、4、5 处的值
y =
  -2   -22   -50   -80  -106
```

3. 多项式拟合

由于多项式的易计算性，多项式通常用来对一些复杂的函数求近似的多项式表示，可以用函数 polyfit(x,y,n)来将一个复杂的函数拟合为一个多项式。

【例 4-17】 用 5 次多项式拟合 $\sin(x)$，得到的图形如图 4-2 所示。

```
>>x=0:0.1:pi;
>>y=sin(x);
>>plot(x,y,'b+');          %绘制 sin(x)的图形
hold on;                   %在原图上继续画图
p=polyfit(x,y,5);          %通过函数 polyfit 将 x、y 向量值拟合为最高次为 5 的多项式 p
xx=0:0.001:pi;             %将 x 向量进一步细化
plot(xx,polyval(p,xx),'r-') %用 polyval 函数求出多项式 p 在 xx 处的值
```

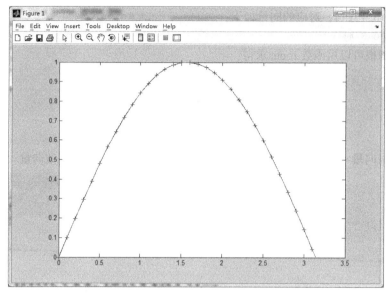

图 4-2 拟合函数图像与 sin(x)的图像

4.5 矩阵的特殊运算

4.5.1 矩阵的三角分解

1. 矩阵的 LU 分解

MATLAB 中的 lu 函数可以实现矩阵的 LU 分解，lu 函数将矩阵分解为两个三角矩阵的乘积，一个是下三角矩阵的置换，一个是上三角矩阵。矩阵的 LU 分解可用于简化矩阵的求逆运算、行列式计算及除法运算。

【例 4-18】 矩阵的 LU 分解。

```
>>A=[1 2 3; 4 5 6; 7 8 0];
>>[L1,U,P] = lu(A)        %有三个返回值的 lu 函数
L1 =                      %L1 为对角线为 1 的下三角矩阵

    1.0000         0         0
    0.1429    1.0000         0
    0.5714    0.5000    1.0000
U =                       %U 为上三角阵
    7.0000    8.0000         0
         0    0.8571    3.0000
         0         0    4.5000
P =                       %P 为交换矩阵，满足 A==inv(P)*L1*U
    0    0    1
    1    0    0
    0    1    0
>>inv(P)*L1*U             %验证 A==inv(P)*L1*U
ans =
    1    2    3
```

```
    4    5    6
    7    8    0
>>[L2,U] = lu(A)      %返回两个值的 LU 分解，U 为上三角矩阵，同上
 L2 =              %L2==inv(P)*L1
   0.1429   1.0000        0
   0.5714   0.5000   1.0000
   1.0000        0        0
 U =
   7.0000   8.0000        0
        0   0.8571   3.0000
        0        0   4.5000
>> L2*U              %验证 A==L2*U
ans =
    1    2    3
    4    5    6
    7    8    0
>>inv(A)             %为简化运算，矩阵的求逆运算实际是对矩阵的 LU 分解因子分别进行求逆运算，再求乘积
ans =
  -1.7778   0.8889  -0.1111
   1.5556  -0.7778   0.2222
  -0.1111   0.2222  -0.1111
>> inv(U)*inv(L1)    %可以看出 inv(A)==inv(U)*inv(L1)
ans=
  -1.7778   0.8889  -0.1111
   1.5556  -0.7778   0.2222
  -0.1111   0.2222  -0.1111
>> det(A)            %为简化运算，矩阵的行列式值的计算实际是对矩阵的 LU 分解因子分别进行行列式计算，
                       再求乘积
ans =
    27
>> det(L2)*det(U)    %验证 A==det(L2)*det(U)
ans =
    27.0000
>> b=[3 7 9]';       %求线性方程组 Ax=b 的解 x
>> format rat        %以分式的格式输出
>>x=A\b              %为简化除法求解运算，实际是先求矩阵的 LU 分解因子，再求解 x
x =
    -1/9
    11/9
     2/9
>> temp=L2\b         %两步验证，先求得中间解 temp
temp =
     9
    12/7
     1
>> U\temp            %验证结果是否是 x
ans =
    -1/9
    11/9
     2/9
```

2. 矩阵的 Cholesky 分解

对于对称正定矩阵，采用 Cholesky 分解可以极大地简化计算，它只有 LU 分解的大约一半的

计算量。对称正定矩阵 A 是指 $A=A'$，且对于每个向量 $x!=0$ 都有 $x'Ax>0$。MATLAB 中的 chol 函数可以实现 Cholesky 分解。Chol 函数将一个矩阵 A 分解为一个上三角矩阵 R，满足 $R'*R=A$。其作用如同 LU 分解，可以简化求逆运算、求行列式值的运算以及矩阵除法运算。

例如：

```
>> A=[1 1 1 1 1;1 2 3 4 5;1 3 6 10 15;1 4 10 20 35;1 5 15 35 70]    %对称正定矩阵
A =
    1    1    1    1    1
    1    2    3    4    5
    1    3    6   10   15
    1    4   10   20   35
    1    5   15   35   70
>> R = chol(A)
R =
    1    1    1    1    1
    0    1    2    3    4
    0    0    1    3    6
    0    0    0    1    4
    0    0    0    0    1
>> R'*R                       %验证 A==R'*R
 ans =
    1    1    1    1    1
    1    2    3    4    5
    1    3    6   10   15
    1    4   10   20   35
    1    5   15   35   70
>>b=[1 6 7 9 10]';            %试图求解线性方程组 Ax=b, A 为对称正定矩阵
>> x=A\b                      %用除法求解，实际是先对 A 进行 Cholesky 分解，再对因子进行操作得到
x =
  -20
   56
  -61
   33
-7
>> temp=R'\b                  %A==R'*R, 这里 R' 是下三角阵, R 是上三角阵
                             %相当于 LU 分解，先求中间解
temp =
    1
    5
   -4
    5
   -7
>> R\temp                     %求得线性方程组 Ax=b 的解
ans =
  -20
   56
  -61
   33
   -7
```

3. 矩阵的 QR 分解

若 A 是 n 阶方阵，则 A 可以分解成 $A=QR$，其中 Q 是一个正交矩阵，R 是一个上三角矩阵。MATLAB 中的函数 qr 可以实现矩阵的 QR 分解，其作用如同 LU 分解，可以简化求逆运算、求行

列式值的运算以及矩阵的除法运算。

例如：

```
>> A=[1 2 2;3 2 2;1 1 2]
A =
    1    2    2
    3    2    2
    1    1    2
>> [Q,R]=qr(A)
Q =
  -0.3015    0.9239   -0.2357
  -0.9045   -0.3553   -0.2357
  -0.3015    0.1421    0.9428
R =
  -3.3166   -2.7136   -3.0151
        0    1.2792    1.4213
        0         0    0.9428
>> b=[7 9 5]'         %试图求线性方程组 Ax=b 的解
b =
    7
    9
    5
>> x=A\b
x =
    1.0000
    2.0000
    1.0000
>> temp=Q\b           %用 QR 因式分解求解线性方程组
temp =
  -11.7589
    3.9797
    0.9428
>> R\temp             %获得线性方程组 Ax=b 的解
ans =
    1.0000
    2.0000
    1.0000
```

4.5.2 齐次线性方程组的求解

1. 有理基

A 可以是任意矩阵，null 函数用来求解零空间，即满足 $Ax=0$ 的解空间，实际上是求出解空间的一组基（基础解系）。

例如：有如下齐次线性方程组 $Ax=0$，求 x。

$$\begin{cases} x_1 + 2x_2 + 2x_3 + x_4 = 0 \\ 2x_1 + x_2 - 2x_3 - 2x_4 = 0 \\ x_1 - x_2 - 4x_3 - 3x_4 = 0 \end{cases}$$

```
>>A=[1 2 2 1;2 1 -2 -2;1 -1 -4 -3];
>>Format rat       %指定有理格式输出，即分式输出
>>RZ=null(A,'r')   %求解空间的有理基,通过将矩阵 A 化为行最简形而求得
```

```
                    %RZ 的列向量是方程 Ax=0 的有理基
RZ=2   5/3
   -2  -4/3
    1    0
    0    1
>> A*RZ(:,1)          %验证 Ax=0
ans =
        0
        0
        0
>> A*RZ(:,2)          %验证 Ax=0
ans =
        1/4503599627370496
        0
        0
```

这样，我们得到通解，X=k1*RZ(:,1)+k2*RZ(:,2)，其中 k1、k2 为任意实数。行最简形是指：非零行向量的第一个非零元素为 1，且含这些元素的列的其他元素都为 0。

2. 规范正交基

```
>>Z=null(A)      %求解空间的单位正交基，Z 的列向量是方程 Ax=0 的单位正交基
Z =
       831/1157       -211/72443
      -535/866         543/2167
       280/2593       -584/941
       575/1908        1882/2533
>> A*Z(:,1)      %验证 Ax=0
ans =
      -1/2251799813685248
      -1/1801439850948199
      -1/4503599627370496
>> A*Z(:,2)      %验证 Ax=0
ans =
       1/4503599627370496
       1/4503599627370496
       0
>> Z(:,1)'*Z(:,1)
ans =
       1
>> Z(:,2)'*Z(:,2)
ans =
       1
```

4.5.3 非齐次线性方程组的求解

非齐次线性方程组的求解较为复杂，一般采用左除法，MATLAB 会根据系数矩阵的特点灵活选择不同的解法。例如，若系数矩阵是对称且正定的，则使用 Cholesky 分解，否则，可能使用 LU 分解或 QR 分解。对于奇异或近似奇异的矩阵，则会给出一个错误信息。这里就大学线性代数教材中的解法进行讲述（仅适用于低阶矩阵）。

A 为任意矩阵，b 为与 A 有相同行数的列向量。令 $Z=[A\ b]$ 为增广矩阵。则 $Ax=b$ 有解的条件是 rank(A)==rank(Z)。当 A 的秩恒等于未知数的个数（即 A 的列数）时，方程 $Ax=b$ 有唯一解，否则有通解 $X=t+T_e$，其中 t 是方程 $Ax=0$ 的基础解系，T_e 是方程 $A*x=b$ 的一个特解。

例如：有如下线性方程组 $A*x=b$，求 x。

$$\begin{cases} x_1 - x_2 - x_3 + x_4 = 0 \\ x_1 - x_2 + x_3 - 3x_4 = 1 \\ x_1 - x_2 - 2x_3 + 3x_4 = -1/2 \end{cases}$$

```
>>A=[1 -1 -1 1; 1 -1 1 -3;1 -1 -2 3];
>> b=[0 1 -1/2]';
>>Z=[A b]            %增广矩阵 Z
>>RA=rank(A);
>>RZ=rank(Z);
>>column=size(A,2);
>> format rat
>>if RA~=RZ          %只有当 RA==RZ 时，线性方程组有解
     disp('方程组无解');
  else if  RA==column  %有唯一解
     X=A\b
     else
     Te=zeros(column,1);  %初始化 Ax=b 的特解
     ZJ=rref(Z);          %求得增广矩阵 Z 的行最简形
     for i=1:RA
         for j=1:column
             if ZJ(i,j)==1  %找到每行的第一个 1
                        %则其对应的列号 j，有 x_j==b_j
              break;
            end
          end
       Te(j)=ZJ(i,end);  %b_j 用 ZJ(i,end) 表示
     end
   Te     %输出特解
 end
 end
Te =
    1/2
    0
    1/2
    0
>> t=null(A,'r')  %求齐次线性方程组 Ax=0 的基础解析
t =
    1       1
    1       0
    0       2
    0       1
```

则此非齐次线性方程组 Ax=b 的通解为:t(:,1)*k1+t(:,2)*k2+Te，其中，k1、k2 为任意实数。增广矩阵一旦化为了行最简形，则其特解可以直接得到。即每行的第一个非零元素 1，按其列号，代表了 x_j，直接等于增广矩阵的该行的最后一个元素。

4.5.4　方阵的特征值和特征向量

设 A 是 n 阶方阵，如果标量 λ 和 n 维非零列向量 x 使关系式：$Ax=\lambda x$ 成立，那么，这样的标

量 λ 称为方阵 A 的特征值（n 阶方阵有 n 个特征值，形成一个 n 维列向量）。将 λ 带入关系式，而得到的非零解 x 称为 A 的对应于特征值 λ 的特征向量。

这里先讲述大学线性代数教材上的求解特征值和特征向量的方法（只适用于低阶方阵）。上述关系式也可以写成 $(A-\lambda E)x=0$，这是 n 个未知数 n 个方程的齐次线性方程组，有非零解的条件是 $\det(A-\lambda E)=0$。

【例 4-19】 求 A=[3 -1; -1 3]的特征值和特征向量。

```
>>A=[3 -1; -1 3];
>> p=poly(A)          %求矩阵 A 的特征多项式，即 det(A-λE)，是关于 λ 的 n 次多项式
p =
    1    -6     8
>> D=roots(p)         %求解特征多项式的根，即等同于求解特征值，这里分别是 4 和 2
D =
    4
    2
>> E=eye(2)
E =
    1    0
    0    1
   >> T1=null(A-D(1)*E,'r')        %当 λ=4 时，求解 (A-λE)x=0，得到特征向量 T1
   T1 =
    -1
     1
>> T2=null(A-D(2)*E,'r')          %当 λ=2 时，求解 (A-λE)x=0，得到特征向量 T2
T2 =
     1
     1
```

用函数 eig 适用于求高阶方阵的特征值和特征项量。

```
>>[V,D]=eig(A)        %产生矩阵 V，V 的每个列向量对应 A 的每个特征向量
                      %产生对角矩阵 D，D 的对角元素是 A 的特征值，使得 A*V-V*D=0
                      %这里的 V 是单位化了的，即 V(:,1)'*V(:,1)=1, V(:,2)'*V(:,2)=1
V =                   %V 的第一列对应于 D 中的第一个对角元素，依此类推
  -0.7071   -0.7071
  -0.7071    0.7071
D =
    2        0
    0        4
>>d= eig(A)           %仅仅求特征值
d =
    2
    4
```

习   题

1. 已知矩阵 A=[2 1 1 1;3 2 6 -1;5 3 1 1;-2 3 5 1]。试求 A 的行列式的值、逆、秩以及它的特征值和特征向量。

2. 设矩阵 A=[5 8 2 5;4 9 5 2;4 9 8 7;12 35 5 6;9 5 3 18]，B=A(2:3,3:end),请问 B 的结果是什么？

3. 解线性方程组 $\begin{cases} 2x_1 + x_2 - 5x_3 + x_4 = 8 \\ x_1 - 3x_2 - 6x_4 = 9 \\ 2x_2 - x_3 + 2x_4 = -5 \\ x_1 + 4x_2 - 7x_3 + 6x_4 = 0 \end{cases}$，请给出求解过程。

4. 有齐次线性方程组 $\begin{cases} x_1 + x_2 + 2x_3 - x_4 = 0 \\ 2x_1 + x_2 + x_3 - x_4 = 0 \\ 2x_1 + 2x_2 + x_3 + 2x_4 = 0 \end{cases}$，求它的一个基础解系，请给出求解过程。

5. 解线性方程组 $\begin{cases} 2x + 3y + z = 4 \\ x - 2y + 4z = -5 \\ 3x + 8y - 2z = 13 \\ 4x - y + 9z = -6 \end{cases}$，请给出求解过程。

6. 编程产生一个 1×10 的随机矩阵，大小位于（-5 5），并且按照从小到大的顺序排列好。

7. 编程产生一个 100×5 的矩阵，矩阵的每一行都是[1 2 3 4 5]。

8. 编程生成一个 3×4 的随机矩阵，找出所有数据范围在（0.4 0.7）之间的数，由这些数构成一个行向量 *v*。

9. 对于 cos 函数，请用多项式进行拟合。

10. 求多项式 $x^3 - 6x^2 + 15x - 14$ 的根。

第5章
MATLAB 符号计算

【本章概述】

本章内容包含：符号常量、符号变量、符号表达式、符号矩阵的建立，符号表达式的代数运算，符号表达式的操作与转换，符号极限、符号微分、符号积分、符号级数的求解，符号方程的求解。

5.1　符号表达式的建立

Symbolic Math Toolbox2.1 版规定在进行符号计算时，首先要定义基本的符号对象然后才能进行符号运算。

5.1.1　创建符号常量

符号常量是不含变量的符号表达式，用 sym 命令来创建符号常量。

语法：

sym('常量')	%创建符号常量

例如，下面这种创建符号常量的方式是绝对准确的符号数值表示：

```
>> a=sym('sin(2)')
 a =
 sin(2)
```

sym 命令也可以把数值转换成某种格式的符号常量：

语法：	sym(常量,参数)	%把常量按某种格式转换为符号常量

参数可以选 "d" "f" "e" 或 "r" 四种格式，也可省略，其作用如表 5-1 所示。

表 5-1　　　　　　　　　　　　　　　　　参数设置

参数	作　　用
d	返回最接近的十进制数值(默认位数为 32 位)
f	返回该符号值最接近的浮点表示
r	返回该符号值最接近的有理数型(为系统默认方式)，可表示为 p/q、p*q、10^q、pi/q、2^q 和 sqrt(p) 形式之一
e	返回最接近的带有机器浮点误差的有理值

例如，把常量转换为符号常量，按系统默认格式转换：

```
>> a=sym(sin(2))
a =
4095111552621091/4503599627370496
```

【例 5-1】　创建数值常量和符号常量。

```
>> a1=3*sqrt(5)+pi                    %创建数值常量
a1 =
    9.8498
>> a2=sym('3*sqrt(5)+pi')             %创建符号表达式
  a2 =
  pi + 3*5^(1/2)
  >> a3=sym(3*sqrt(5)+pi)
   a3 =
  1386235632337073/140737488355328
  >> a4=sym(3*sqrt(5)+pi,'d')         %按最接近的十进制浮点数表示符号常量
   a4 =
  9.8497965860891625311523966956884
   >> a31=a3-a1                        %数值常量和符号常量的计算
   a31 =
   0.00000000000000000000000000000000033110046340184682970816031659377
   >> a5='3*sqrt(5)+pi'                %字符串常量
a5 =
3*sqrt(5)+pi
```

可以通过查看工作空间来查看各变量的数据类型和存储空间，工作空间如图 5-1 所示。

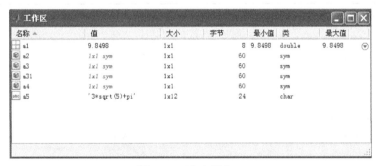

图 5-1　工作空间窗口

5.1.2　创建符号变量和表达式

创建符号变量和符号表达式可以使用 sym 和 syms 命令。

1. 使用 sym 命令创建单个符号变量和表达式

创建单个符号变量的语法：

```
sym  变量,参数              %把变量定义为符号对象
```

说明

　　参数用来设置限定符号变量的数学特性，可以选"positive""real"或"unreal""positive"表示为"正、实"符号变量，"real"表示为"实"符号变量，"unreal"表示为"非实"符号变量。如果不限定则参数可省略。

【例 5-2】　创建符号变量，用参数设置其特性。

```
>> syms x y real                    %创建实数符号变量
    >> z=x+i*y                      %创建 z 为复数符号变量
    z =
    x + y*i
    >> real(z)                      %复数 z 的实部是实数 x
    ans =
x
```

创建符号表达式的语法：

```
sym('表达式')                        %创建符号表达式
```

【例 5-3】 创建符号表达式。

```
>> f1=sym('a*x^2+b*x+c')
 f1 =
 a*x^2 + b*x + c
>> f2=sym('sin(x)+cos(x)')
 f2 =
 cos(x) + sin(x)
```

2. 使用 syms 命令创建多个符号变量和符号表达式

语法：

```
syms('arg1', 'arg2', …,参数)         %把字符变量定义为符号变量
syms arg1 arg2 …,参数                %把字符变量定义为符号变量的简洁形式
```

　　　　　syms 用来创建多个符号变量，这两种方式创建的符号对象是相同的。参数设置和前面的 sym 命令相同，省略时符号表达式直接由各符号变量组成。

【例 5-4】 使用 syms 命令创建符号变量和符号表达式。

```
>> clear
>> syms a b c x                     %创建多个符号变量
>> f3=a*x^2+b*x+c                   %创建符号表达式
 f3 =
 a*x^2 + b*x + c
>> syms ('a', 'b' ,'c' ,'x')
>> f4=a*x^2+b*x+c                   %创建符号表达式
 f4 =
 a*x^2 + b*x + c
```

这里用既创建了符号变量 a、b、c、x，又创建了符号表达式，f3、f4 和 f1 符号表达式相同。

5.1.3 符号矩阵

用 sym 和 syms 命令也可以创建符号矩阵。

【例 5-5】 使用 sym 和 syms 命令创建符号矩阵。

```
>> A=sym('[a b;c d]')
 A =
 [ a, b]
 [ c, d]

>> syms a b c d
>> A=[a b;c d]
 A =
 [ a, b]
 [ c, d]
```

创建的符号矩阵两端都有方括号，这点是与 MATLAB 数值矩阵的一个重要区别。

【例 5-6】　比较符号矩阵与字符串矩阵的不同。

```
>> clear
>> A=sym('[a b;c d]')             %创建符号矩阵
A =
[ a, b]
[ c, d]
>> B=('[a b;c d]')                %创建字符串矩阵
B =
[a b;c d]
>> C=[a b;c d]
```
未定义函数或变量 'a'。

　　由于数值变量 a、b、c、d 未事先赋值，MATLAB 给出错误信息。

```
>> C=sym(B)                       %转换为符号矩阵
C =
[ a, b]
[ c, d]
>> whos
  Name      Size           Bytes  Class    Attributes
  A         2x2               60  sym
  B         1x9               18  char
  C         2x2               60  sym
```

　　查看符号矩阵 A，可以看到为 2×2 的符号矩阵，占用较多的字节。

5.2　符号表达式的代数运算

5.2.1　符号运算符和函数运算

　　符号运算与数值运算的区别主要有以下几点。

　　（1）传统的数值型运算因为要受到计算机所保留的有效位数的限制，它的内部表示法总是采用计算机硬件提供的 8 位浮点表示法，因此每一次运算都会有一定的截断误差，重复的多次数值运算就可能会造成很大的累积误差。符号运算不需要进行数值运算，不会出现截断误差，因此符号运算是非常准确的。

　　（2）符号运算可以得出完全的封闭解或任意精度的数值解。

　　（3）符号运算的速度较慢，而数值型运算速度快。

　　符号表达式的运算符和基本函数都与数值计算中的几乎完全相同。

1. 符号运算中的运算符

（1）基本运算符

运算符 "+""-""*""\""/""^" 分别实现符号矩阵的加、减、乘、左除、右除、求幂运算。

运算符 ".*""./"".\"".^" 分别实现符号数组的乘、除、求幂运算，即数组间元素与元素的运算。

运算符 "'"".'" 分别实现符号矩阵的共轭转置、非共轭转置运算。

（2）关系运算符

在符号对象的比较中，没有"大于""大于等于""小于""小于等于"的概念，而只有是否"等于"的概念。

运算符 "==""~=" 分别对运算符两边的符号对象进行"相等""不等"的比较。当为"真"时，比较结果用 1 表示；当为"假"时，比较结果用 0 表示。

（3）逻辑运算符

可以使用逻辑运算符 "~""&" 和 "|"。

2. 函数运算

（1）三角函数和双曲函数

三角函数包括 sin、cos、tan；双曲函数包括 sinh、cosh、tanh；三角反函数除了 atan2 函数仅能用于数值计算外，其余的 asin、acos、atan 函数在符号运算中与数值计算的使用方法相同。

（2）指数和对数函数

指数函数 sqrt、exp、expm 的使用方法与数值计算的完全相同；对数函数在符号计算中只有自然对数 log(表示 ln)，而没有数值计算中的 log2 和 log10。

（3）复数函数

复数的共轭 conj、求实部 real、求虚部 imag 和求模 abs 函数与数值计算中的使用方法相同。但注意，在符号计算中，MATLAB 没有提供求相角的命令。

（4）矩阵代数命令

MATLAB 提供的常用矩阵代数命令有 diag、triu、tril、inv、det、rank、poly、expm、eig 等，它们在符号运算中的用法几乎与数值计算中的情况完全一样。

【例 5-7】 求矩阵 $A = \begin{bmatrix} a_{11} & a_{12} \\ a_{21} & a_{22} \end{bmatrix}$ 的行列式值、非共轭转置和特征值。

```
>> clear
>> syms a11 a12 a21 a22
>> A=[a11 a12;a21 a22]              %创建符号矩阵
A =
[ a11, a12]
[ a21, a22]
>> det(A)                          %计算行列式
ans =
a11*a22 - a12*a21
>> A.'                             %计算非共轭转置
ans =
[ a11, a21]
[ a12, a22]
>> eig(A)                          %计算特征值
ans =
```

```
a11/2 + a22/2 - (a11^2 - 2*a11*a22 + a22^2 + 4*a12*a21)^(1/2)/2
a11/2 + a22/2 + (a11^2 - 2*a11*a22 + a22^2 + 4*a12*a21)^(1/2)/2
```

【例 5-8】 求符号表达式 $f=2x^2+3x+4$ 与 $g=5x+6$ 的代数运算。

```
>> clear
>> f=sym('2*x^2+3*x+4')
f =
2*x^2 + 3*x + 4
>> g=sym('5*x+6')
g =
5*x + 6
>> f+g                              %符号表达式相加
ans =
2*x^2 + 8*x + 10
>> f*g                              %符号表达式相乘
ans =
(5*x + 6)*(2*x^2 + 3*x + 4)
```

5.2.2　符号数值任意精度控制和运算

1. Symbolic Math Toolbox 中的算术运算方式

在 Symbolic Math Toolbox 中有以下三种不同的算术运算。

- 数值型：MATLAB 的浮点运算。
- 有理数型：Maple 的精确符号运算。
- VPA 型：Maple 的任意精度运算。

2. 任意精度控制

任意精度的 VPA 型运算可以使用 digits 和 vpa 命令来实现。

语法：

digits(n)	%设定默认的精度

　　n 为所期望的有效位数。digits 函数可以改变默认的有效位数来改变精度，随后的每个进行 Maple 函数的计算都以新精度为准。当有效位数增加时，计算时间和占用的内存也增加。命令 "digits" 用来显示默认的有效位数，默认为 32 位。

语法：

vpa(s,n)	%将 s 表示为 n 位有效位数的符号对象

　　s 可以是数值对象或符号对象，但计算的结果一定是符号对象；当参数 n 省略时则以给定的 digits 指定精度。vpa 命令只对指定的符号对象 s 按新精度进行计算，并以同样的精度显示计算结果，但并不改变全局的 digits 参数。

【例 5-9】 对表达式 $3\sqrt{5}+\pi$ 进行任意精度控制的比较。

```
>> clear
>> a=sym('3*sqrt(5)+pi')
a =
pi + 3*5^(1/2)
>> digits                           %显示默认的有效位数
Digits = 32
>> vpa(a)                           %用默认的位数计算并显示
ans =
```

```
 9.8497965860891623276901643894733
>> vpa(a,16)                         %按指定的精度计算并显示
 ans =
 9.849796586089162
>> digits(10)                        %改变默认的有效位数
>> vpa(a)                            %按 digits 指定的精度计算并显示
 ans =
 9.849796586
```

3. Symbolic Math Toolbox 中的三种运算方式的比较

【例 5-10】 用三种运算方式比较 2/3 的结果。

```
>> x1=2/3                            %数值型
x1 =
    0.6667
>> x2=sym(2/3)                       %有理数型
x2 =
2/3
>> x3=vpa('2/3',32)                  %VPA 型
x3 =
0.66666666666666666666666666666667
```

- 三种运算方式中数值型运算的速度最快。
- 有理数型符号运算的计算时间和占用内存是最大的，产生的结果是非常准确的。
- VPA 型的任意精度符号运算比较灵活，可以设置任意有效精度，当保留的有效位数增加时，每次运算的时间和使用的内存也会增加。
- 数值型变量 x1 结果显示的有效位数并不是存储的有效位数，在第 1 章中介绍显示的有效位数由 "format" 命令控制。如下面修改 "format" 命令就改变了显示的有效位数：

```
>> format long
>> x1
x1 =
    0.666666666666667
>> format short e
>> x1
x1 =
    6.6667e-01
```

5.2.3　符号对象与数值对象的转换

1. 将数值对象转换为符号对象

sym 命令可以把数值型对象转换成有理数型符号对象，vpa 命令可以将数值型对象转换为任意精度的 VPA 型符号对象。

2. 将符号对象转换为数值对象

使用 double 函数可以将有理数型和 VPA 型符号对象转换成数值对象。

语法：

```
        N=double(S)           %将符号变量 S 转换为数值变量 N
```

【例 5-11】 将符号变量 $3\sqrt{5}+\pi$ 与数值变量进行转换。

```
>> clear
>> a1=sym('3*sqrt(5)+pi')
 a1 =
```

```
 pi + 3*5^(1/2)
 >> b1=double(a1)                 %转换为数值变量
b1 =
    9.8498
>> a2=vpa(sym('3*sqrt(5)+pi'),32)
 a2 =
 9.8497965860891623276901643894733
>> b2=double(a2)                  %转换为数值变量
b2 =
    9.8498
>> b3=eval(a1)                    %函数 eval()可以得到符号变量的数值结果
b3 =
    9.8498
>> whos
  Name      Size          Bytes  Class     Attributes
  a1        1x1              60  sym
  a2        1x1              60  sym
  b1        1x1               8  double
  b2        1x1               8  double
  b3        1x1               8  double
```

上面用 "whos" 命令查看变量的类型，可以看到 b1、b2、b3 都已转换为了双精度型。

5.3　符号表达式的操作和转换

5.3.1　符号表达式中自由变量的确定

1. 自由变量的确定原则

MATLAB 将基于以下原则选择一个自由变量。

● 小写字母 i 和 j 不能作为自由变量。

● 符号表达式中如果有多个字符变量，则按照以下顺序选择自由变量：首先选择 x 作为自由变量；如果没有 x，则选择在字母顺序中最接近 x 的字符变量；如果与 x 相同距离，则在 x 后面的优先。

● 大写字母比所有的小写字母都靠后。

2. findsym 函数

如果没有确定符号表达式中的自由符号变量，可以用 findsym 函数来自动确定。

语法：

```
 findsym(EXPR,n)          %确定自由符号变量
```

　　　　EXPR 可以是符号表达式或符号矩阵；n 为按顺序得出的符号变量的个数，当 n 省略时，则不按顺序得出 EXPR 中所有的符号变量。

【例 5-12】　得出符号表达式中的符号变量。

```
 >> clear
 >> f=sym('a*x^2+b*x+c')
 f =
 a*x^2 + b*x + c
```

```
>> findsym(f)                          %得出所有的符号变量
 ans =
 a,b,c,x
 >> g=sym('sin(z)+cos(v)')
g =
cos(v) + sin(z)
>> findsym(g,1)                        %得出第一个符号变量
ans =
z
```

说明

符号变量 z 和 v 距离 x 相同，以在 x 后面的 z 为自由符号变量。

5.3.2 符号表达式的化简

同一个数学函数的符号表达式都可以表示成三种形式。例如，以下的 $f(x)$ 就可以分别表示为：

● 多项式形式的表达方式：$f(x)=x^3-6x^2+11x-6$。
● 因式形式的表达方式：$f(x)=(x-1)(x-2)(x-3)$。
● 嵌套形式的表达方式：$f(x)=x(x(x-6)+11)-6$。

【例 5-13】 三种形式的符号表达式的表示。

```
>> clear
>> f=sym('x^3-6*x^2+11*x-6')            %多项式形式
 f =
x^3 - 6*x^2 + 11*x - 6
>> g= sym('(x-1)*(x-2)*(x-3)')          %因式形式
g =
(x - 1)*(x - 2)*(x - 3)
>> h= sym(' x*(x*(x-6)+11)-6')          %嵌套形式
h =
x*(x*(x - 6) + 11) - 6
```

与此相关的函数如下。

1. 合并同类项(collect)

函数 collect( )调用的语法格式有两种。

> R = collect(S)：对于多项式 S 按默认独立变量的幂次降幂排列。
> R = collect(S,v)：对指定的对象 v 计算，操作同上。

【例 5-14】 给出例 5-13 相应的符号表达式的 collect 形式。

```
>> collect(g)
 ans =
x^3 - 6*x^2 + 11*x - 6
>> f1=sym('x^3+2*x^2*y+4*x*y+6')
 f1 =
x^3 + 2*y*x^2 + 4*y*x + 6
>> collect(f1)                          %按默认的 x 来合并同类项
 ans =
x^3 + 2*y*x^2 + 4*y*x + 6
>> collect(f1,'y')                      %按 y 来合并同类项
 ans =
(2*x^2 + 4*x)*y + x^3 + 6
```

2. 表达式展开(expand)

利用函数 expand( ) 来展开符号表达式。其命令语法格式如下：

```
R = expand(S)
```

对符号表达式 S 中每个因式的乘积进行展开计算。该命令通常用于计算多项式函数、三角函数、指数函数与对数函数等表达式的展开式。

【例 5-15】 给出例 5-13 相应的符号表达式的 expand 形式。

```
>> expand(g)
 ans =
x^3 - 6*x^2 + 11*x - 6
>> f2=sym('sin(x+y)')
 f2 =
sin(x + y)
>> expand(f2)                          %三角函数的展开
 ans =
cos(x)*sin(y) + cos(y)*sin(x)
>> f3=sym('[sin(2*t)  cos(2*t)]')
 f3 =
[ sin(2*t), cos(2*t)]
>> expand(f3)                          %矩阵形式的三角函数的展开
 ans =
[ 2*cos(t)*sin(t), 2*cos(t)^2 - 1]
>> syms a b
>> expand(exp((a+b)^3))                %指数形式的展开
 ans =
exp(a^3)*exp(b^3)*exp(3*a*b^2)*exp(3*a^2*b)
```

3. 因式分解(factor)

利用函数 factor( ) 来进行符号表达式的因式分解。其调用的语法格式如下：

```
factor(s)
```

参量 s 可以是正整数、符号表达式矩阵。若 s 为一正整数，则 factor(s) 返回 s 的质数解式。若 s 为多项式或整数矩阵，则 factor(s) 分解矩阵的每一元素。

【例 5-16】 给出例 5-13 相应的符号表达式的 factor 因式形式。

```
>> factor(f)
 ans =
 (x - 3)*(x - 1)*(x - 2)
>> factor(sym(30))
 ans =
2*3*5
>> syms a b x y
>> factor(x^2-y^2)
 ans =
 (x - y)*(x + y)
>> f5=[x^2-y^2 sym(30);a^2-b^2  x^3+y^3]
 f5 =
[ x^2 - y^2,          30 ]
[ a^2 - b^2,     x^3 + y^3]

>> factor(f5)
 ans =
[ (x - y)*(x + y),                  2*3*5]
[ (a - b)*(a + b),      (x + y)*(x^2 - x*y + y^2)]
```

4. 嵌套（horner）

利用 horner()可将符号多项式 s 用嵌套形式表示，即用多层括号的形式表示。该函数调用的语法格式如下：

```
horner(s)
```

【例 5-17】 给出例 5-13 相应符号表达式的 horner 嵌套形式。

```
>> horner(f)
 ans =
 x*(x*(x - 6) + 11) - 6
```

5.3.3 符号表达式的转换

1. 符号表达式与多项式的转换

构成多项式的符号表达式 $f(x)$可以与多项式系数构成的行向量进行相互转换，MATLAB 提供了函数 sym2poly 和 poly2sym 实现相互转换。

（1）sym2poly 函数

【例 5-18】 将符号表达式 $x^3+6x^2+11x-6$ 转换为行向量。

```
>> f=sym('x^3-6*x^2+11*x-6')
 f =
 x^3 - 6*x^2 + 11*x - 6
>> sym2poly(f)                    %转换为按降幂排列的行向量
 ans =
     1    -6    11    -6
>> f1=sym('a*x^2+b*x+c')
 f1 =
 a*x^2 + b*x + c
>> sym2poly(f1)
错误使用 sym/sym2poly (line 21)
Input has more than one symbolic variable.
```

只能对含有一个变量的符号表达式进行转换。

（2）poly2sym 函数

【例 5-19】 将行向量转换为符号表达式。

```
>> p=[3 2 1]
p =
    3    2    1
>> g=poly2sym(p)                  %默认 x 为符号变量的符号表达式
g =
3*x^2 + 2*x + 1
>> x=5
x =
    5
>> eval(g)                        %计算出符号表达式的值
ans =
    86
>> g=poly2sym(p,sym('y'))         %y 为符号变量的符号表达式
 g =
 3*y^2 + 2*y + 1
```

```
>> y=5
y =
    5
>> eval(g)
ans =
    86
```

2. 提取分子和分母

如果符号表达式是一个有理分式（两个多项式之比），可以利用 numden 函数来提取分子或分母，还可以进行通分。

语法：

```
[n,d]=numden(f)
```

　　　　n 为分子；d 为分母；f 为有理分式。

【例 5-20】 用 numden 函数来提取符号表达式 $\dfrac{1}{x^2+3x+1}$ 和 $\dfrac{1}{x^2}+2x+2$ 的分子和分母。

```
>> f1=sym('1/(x^2+3*x+1)')
f1 =
1/(x^2 + 3*x + 1)
>> [n1,d1]=numden(f1)
n1 =
1
d1 =
x^2 + 3*x + 1
>> f2=sym('1/x^2+2*x+2')
f2 =
2*x + 1/x^2 + 2
>> [n2,d2]=numden(f2)
n2 =
2*x^3 + 2*x^2 + 1
d2 =
x^2
```

5.4　符号极限、微积分和级数求和

5.4.1　符号极限

1. 一元函数的极限

假定符号表达式的极限存在，Symbolic Math Toolbox 提供了直接求表达式极限的函数 limit，函数 limit 的基本用法如表 5-2 所示。

表 5-2　　　　　　　　　　　　　　　　limit 函数的用法

表 达 式	函 数 格 式	说　　明
$\lim\limits_{x \to 0} f(x)$	limit(f)	对 x 求趋近于 0 的极限
$\lim\limits_{x \to a} f(x)$	limit(f,x,a)	对 x 求趋近于 a 的极限，当左右极限不相等时极限不存在

续表

表 达 式	函 数 格 式	说 明
$\lim\limits_{x \to a^-} f(x)$	limit(f,x,a, left)	对 x 求左趋近于 a 的极限
$\lim\limits_{x \to a^+} f(x)$	limit(f,x,a, right)	对 x 求右趋近于 a 的极限

【例 5-21】 分别求 $1/x$ 在 0 处从两边趋近、从左边趋近和从右边趋近的三个极限值。

```
>> f=sym('1/x')
f =
1/x
>> limit(f)                          %对 x 求趋近于 0 的极限
ans =
NaN
>> limit(f,'x',0)
ans =
NaN
>> limit(f,'x',0,'left')             %左趋近于 0 的极限
   ans =
   -Inf
>> limit(f,'x',0,'right')            %右趋近于 0 的极限
   ans =
   Inf
```

当左右极限不相等，表达式的极限不存在，为 NaN。

【例 5-22】 求 $\lim\limits_{x \to \infty}\left(1+\dfrac{a}{x}\right)^x$ 及 $\lim\limits_{x \to 0^+}\left(x*\cos\dfrac{1}{x}+1\right)^x$ 的极限。

```
>> syms a x
>> limit('(1+a/x)^x',x,inf)
 ans =
 exp(a)
>> limit('x*cos(1/x)+1',x,0,'right')
 ans =
 1
```

采用极限方法也可以用来求函数的导数：$f'(x) = \lim\limits_{t \to 0}\dfrac{f(x+t)-f(x)}{t}$。

【例 5-23】 用求极限的方法求函数 $\sin(x)$ 的导数。

```
>> syms x t
>> limit((sin(x+t)-sin(x))/t,t,0)
 ans =
 cos(x)
```

2. 多元函数的极限（这里主要指的是二元函数）

在 MATLAB 中，同样是通过调用函数 limit 来实现求多元函数极限，调用的语法格式如下：

```
(1) limit(limit(f, x, x₀), y, y₀)
(2) limit(limit(f, y, y₀), x, x₀)
```

这里 f 为函数表达式，一般为符号表达式，x,y 是变量，x_0，y_0 是极限点，如果 x_0 或 y_0 不是确定的值，而是另外一个变量的函数，如 x→g(y)，则顺序不能改变。

【例 5-24】　求极限 $\lim\limits_{\substack{x\to\frac{1}{\sqrt{y}}\\y\to\infty}} e^{-1/(x^2+y^2)}\dfrac{\sin^2 x}{x^2}\left(1+\dfrac{1}{y^2}\right)^{x+a^2y^2}$。

```
>> syms x y a
>> f=exp(-1/(x^2+y^2))*(sin(x))^2/x^2*(1+1/y^2)^(x+a^2*y^2)
f =
exp(-1/(x^2+y^2))*sin(x)^2/x^2*(1+1/y^2)^(x+a^2*y^2)
>> limit(limit(f,x,1/sqrt(y)),y,inf)
ans =
exp(a^2)
```

5.4.2　符号微分

函数 diff 用来求符号表达式的微分。

1. 一元函数的微分

语法：

```
diff(f)          %求 f 对自由变量的一阶微分
diff(f,t)        %求 f 对符号变量 t 的一阶微分
diff(f,n)        %求 f 对自由变量的 n 阶微分
diff(f,t,n)      %求 f 对符号变量 t 的 n 阶微分
```

【例 5-25】　已知 $f(x)=ax^2+bx+c$，求 $f(x)$ 的微分。

```
>> clear
>> f=sym('a*x^2+b*x+c')
 f =
 a*x^2 + b*x + c
>> diff(f)                  %对默认自由变量 x 求一阶微分
ans =
b + 2*a*x
>> diff(f,'a')              %对符号变量 a 求一阶微分
ans =
x^2
>> diff(f,2)               %对默认自由变量 x 求二阶微分
 ans =
 2*a
>> diff(f,'a',2)           %对符号变量 a 求二阶微分
 ans =
 0
>> diff(f,3)               %对默认自由变量 x 求三阶微分
 ans =
 0
```

微分函数 diff 也可以用于符号矩阵，其结果是对矩阵的每一个元素进行微分运算。

【例 5-26】　对符号矩阵 $\begin{bmatrix} 2x & t^2 \\ t\cos(x) & e^x \end{bmatrix}$ 求微分。

```
>> clear
>> syms x t
>> A=[2*x t^2;t*cos(x) exp(x)]              %创建符号矩阵
 A =
 [     2*x,    t^2    ]
 [ t*cos(x),   exp(x)]
```

```
>> diff(A)                              %对默认自由变量 x 求一阶微分
 ans =
 [        2,      0    ]
 [ -t*sin(x),    exp(x)]
>> diff(A,t)                            %对符号变量 t 求一阶微分
 ans =
 [     0, 2*t]
 [ cos(x),   0]
>> diff(A,2)                            %对默认自由变量 x 求二阶微分
 ans =
 [   0,       0    ]
 [ -t*cos(x), exp(x) ]
```

2. 多元函数的微分（这里主要指的是二元函数）

语法：

```
diff(diff(f,x,m),y,n)       %先对符号变量 x 求 m 阶微分，再对符号变量 y 求 n 阶微分
diff(diff(f,y,n),x,m)       %先对符号变量 y 求 n 阶微分，再对符号变量 x 求 m 阶微分
```

【例 5-27】 求多元函数 $f(x) = (x^2 - 2x)\mathrm{e}^{-x^2-y^2-xy}$ 微分。

```
>> clear
>> syms x y
>> f=(x^2-2*x)*exp(-x^2-y^2-x*y)
 f =
 -exp(- x^2 - x*y - y^2)*(- x^2 + 2*x)
>> fx=diff(f,x)
 fx =
exp(- x^2 - x*y - y^2)*(2*x - 2) + exp(- x^2 - x*y - y^2)*(- x^2 + 2*x)*(2*x + y)

>> fy=diff(f,y)
 fy =
 exp(- x^2 - x*y - y^2)*(- x^2 + 2*x)*(x + 2*y)
>> fxy=diff(diff(f,x),y)
 fxy =
exp(- x^2 - x*y - y^2)*(- x^2 + 2*x) - exp(- x^2 - x*y - y^2)*(2*x - 2)*(x + 2*y) -
exp(- x^2 - x*y - y^2)*(- x^2 + 2*x)*(x + 2*y)*(2*x + y)
```

5.4.3　符号积分

积分有定积分和不定积分，运用函数 int 可以求得符号表达式的积分。

语法：

```
int(f,'t')              %求符号变量 t 的不定积分
int(f,'t',a,b)          %求符号变量 t 的积分
int(f,'t','m','n')      %求符号变量 t 的积分
```

　　　　t 为符号变量，当 t 省略时则为默认自由变量；a 和 b 为数值，[a,b]为积分区间；m 和 n 为符号对象，[m,n]为积分区间；与符号微分相比，符号积分复杂得多。因为函数的积分有时可能不存在，即使存在，也可能限于很多条件，MATLAB 无法顺利得出。当 MATLAB 不能找到积分时，它将给出警告提示并返回该函数的原表达式。

【**例 5-28**】 求不定积分 $\int \cos(x)$ 和 $\int \int \cos(x)$ 。

```
>> clear
>> f=sym('cos(x)')
 f =
 cos(x)
>> int(f)                    %求不定积分
 ans =
 sin(x)
>> int(int(f))               %求多重积分
 ans =
-cos(x)
```

【**例 5-29**】 已知 $f(x) = e^x \sin(x^2+1) + 2xe^x \cos(x^2+1)$ ，求 $\int_1^2 f(x)dx$ 。

```
>> syms x
>> f=exp(x)*sin(x^2+1)+2*x*exp(x)*cos(x^2+1)
 f =
 exp(x)*sin(x^2 + 1) + 2*x*exp(x)*cos(x^2 + 1)
>> int(f,1,2)
 ans =
 exp(2)*sin(5) - exp(1)*sin(2)
```

【**例 5-30**】 求符号矩阵 $\begin{bmatrix} 2x & t^2 \\ t\cos(x) & e^x \end{bmatrix}$ 的积分。

```
>> clear
>> syms x t
>> A=[2*x t^2;t*cos(x) exp(x)]        %创建符号矩阵
 A =
[   2*x,    t^2   ]
[ t*cos(x), exp(x)]
>> int(A)                             %对默认的自由变量 x 求不定积分
 ans =
[ x^2,     t^2*x   ]
[ t*sin(x), exp(x)]
>> int(A,'t')                         %对符号变量 t 求不定积分
 ans =
[     2*t*x,      t^3/3   ]
[ (t^2*cos(x))/2, t*exp(x)]
>> int(A,sym('a'),sym('b'))           %对默认的自由变量 x 求[a,b]区间上的定积分
 ans =

[     b^2 - a^2,      -t^2*(a - b)      ]
[ -t*(sin(a) - sin(b)), exp(b) - exp(a)]
```

5.4.4　符号级数

1. 级数求和（symsum）函数

语法：

```
symsum(s,x,a,b)                    %计算表达式 s 的级数和
```

　　x 为自变量，x 省略则默认为对自由变量求和；s 为符号表达式；[a,b]为参数 x 的取值范围。

【例 5-31】 求级数 $1+\dfrac{1}{2^2}+\dfrac{1}{3^2}+...+\dfrac{1}{k^2}+...$ 和 $1+x+x^2+\cdots+x^k+\cdots$ 的和。

```
>> clear
>> format
>> syms x k
>> symsum(1/k^2,1,10)              %计算级数前 10 项的和
 ans =
 1968329/1270080
>> symsum(1/k^2,1,inf)            %计算级数和
 ans =
 pi^2/6
>> symsum(x^k,'k',0,inf)          %计算 k 为自变量的级数和
 ans =
 -1/(x - 1)
```

【例 5-32】 对于级数 $\dfrac{n}{n+1}$，求前 15 项的和。

```
>> syms n
>> s=n/(n+1)
s =
n/(n+1)
>> Sum=symsum(s,n,1,15)
Sum =
9094961/720720
>> format long
>> eval(Sum)
 ans =
 12.61927100677101
```

2. 泰勒展开式（taylor）函数

根据泰勒定理，函数在 $x=x_0$ 的展开形式为

$$f(x) = f(x_0) + \sum_{i=1}^{n} \frac{f^{(i)}(x_0)}{i!}(x-x_0)^i + R_n(x)$$

其中，$R_n(x)$ 为截断误差，也称为拉格朗日余项。如果 $x_0=0$，上式又称为麦克劳林(Maclaurin)公式。

事实上，要使用泰勒公式求函数的近似值是一件非常困难的事情，因为需要计算多项，特别是要计算高阶导数，调用 MATLAB 中的函数 taylor 可以直接导出泰勒公式，其使用语法格式为

（1）taylor(expr, x, n)，expr 为函数符号表达式，x 为自变量，该方式为将函数在 $x_0=0$ 处做泰勒展开，n 为展开项数。默认情况下 n=5。

（2）taylor(expr, x, k, a)，该方式为将函数在 $x_0=a$ 处做泰勒展开。

【例 5-33】 求 e^x 的泰勒展开式为：$1+x+x^2/2!+x^3/3!+...x^k/k!+...$

```
>> syms x
>> taylor(exp(x))                 %对默认自变量 x 在 x0=0 处展开前 5 项
 ans =
 x^5/120 + x^4/24 + x^3/6 + x^2/2 + x + 1

>> taylor(exp(x),10)              %对默认自变量 x 在 x0=0 处展开前 10 项
 ans =
1+x+1/2*x^2+1/6*x^3+1/24*x^4+1/120*x^5+1/720*x^6+1/5040*x^7+1/40320*x^8+1/362880*x^9
>> taylor(exp(x),5,2)            %对默认自变量 x 在 x0=2 处展开前 5 项
```

```
   ans =
exp(2)+exp(2)*(x-2)+1/2*exp(2)*(x-2)^2+1/6*exp(2)*(x-2)^3+1/24*exp(2)*(x-2)^4
```

5.5　符号方程的求解

5.5.1　代数方程及方程组

当方程不存在解析解又无其他自由参数时，MATLAB 可以用 solve 命令给出方程的数值解。
语法：

```
solve('eq', 'v')                    %求方程关于指定变量的解
solve('eq1', 'eq2', 'v1', 'v2',…)   %求方程组关于指定变量的解
```

说明　eq 可以是含等号的符号表达式的方程，也可以是不含等号的符号表达式，但所指的仍是令 eq=0 的方程；当参数 v 省略时，默认为方程中的自由变量；其输出结果为结构数组类型。

【例 5-34】　求方程 $ax^2+bx+c=0$ 和 $\sin x=0$ 的解。

```
>> clear
>> f1=sym('a*x^2+b*x+c')             %无等号的方程
   f1 =
   a*x^2 + b*x + c
>> solve(f1)                         %求方程的解 x
   ans =
    (-b + (b^2 - 4*a*c)^(1/2))/(2*a)
 -(b - (b^2 - 4*a*c)^(1/2))/(2*a)
>> f2=sym('sin(x)=0')                %有等号的方程
 f2 =
 sin(x) == 0
     >> solve(f2)
 ans =
 0
```

说明　当 $\sin x=0$ 有多个解时，只能得出 0 附近的有限几个解。

【例 5-35】　求三元非线性方程组 $\begin{cases} x^2+2x+1=0 \\ x+3z=4 \\ yz=-1 \end{cases}$ 的解。

```
>> eq1=('x^2+2*x+1');
>> eq2=sym('x+3*z=4');
>>eq3=sym('y*z=-1');
>> [x,y,z]=solve(eq1,eq2,eq3)        %解方程组并赋值给 x,y,z
x =
-1
y =
-3/5
```

```
z =
5/3
```

输出结果为"结构对象",如果最后一句为"S=solve(eq1,eq2,eq3)",则结果为:

```
S=
    x: [1x1 sym]
    y: [1x1 sym]
    z: [1x1 sym]
```

5.5.2 符号常微分方程

MATLAB 提供了 dsolve 命令可以对符号常微分方程进行求解。

语法:

```
dsolve('eq', 'con', 'v')                          %求解微分方程
dsolve('eq1,eq2…', 'con1,con2…', 'v1,v2…')        %求解微分方程组
```

eq 为微分方程; con 是微分初始条件, 可省略; v 为指定自由变量, 省略时则默认 x 或 t 为自由变量; 输出结果为结构数组类型。

当 y 是因变量时, 微分方程 eq 的表述规定为

y 的一阶导数 $\dfrac{\mathrm{d}y}{\mathrm{d}x}$ 或 $\dfrac{\mathrm{d}y}{\mathrm{d}t}$ 表示为 Dy;

y 的 n 阶导数 $\dfrac{\mathrm{d}^n y}{\mathrm{d}x^n}$ 或 $\dfrac{\mathrm{d}^n y}{\mathrm{d}t^n}$ 表示为 Dny。

微分初始条件 con 应写成'y(a)=b, Dy(c)=d'的格式; 当初始条件少于微分方程数时, 在所得解中将出现任意常数符 C1, C2……, 解中任意常数符的数目等于所缺少的初始条件数。

【例 5-36】 求微分方程 $x\dfrac{\mathrm{d}^2 y}{\mathrm{d}x^2} - 3\dfrac{\mathrm{d}y}{\mathrm{d}x} = x^2$, y(1)=0, y(5)=0 的解。

```
>> clear
>> y=dsolve('x*D2y-3*Dy=x^2','x')                 %求微分方程的通解
 y =
 1/4*C1*x^4-1/3*x^3+C2
>> y=dsolve('x*D2y-3*Dy=x^2','y(1)=0,y(5)=0','x') %求微分方程的特解
 y =
 31/468*x^4-1/3*x^3+125/468
```

【例 5-37】 求微分方程组 $\dfrac{\mathrm{d}x}{\mathrm{d}t} = y, \dfrac{\mathrm{d}y}{\mathrm{d}t} = -x$ 的解。

```
>> clear
>> [x,y]=dsolve('Dx=y,Dy=-x')
x =
-C1*cos(t)+C2*sin(t)
y =
C1*sin(t)+C2*cos(t)
```

默认的自由变量是 t, C1、C2 为任意常数, 程序也可指定自由变量, 结果相同:

[x,y]=dsolve('Dx=y,Dy=-x','t')

习　题

1. 用符号计算求 $ax^2+bx+c=0$ 的根。

2. 对数值 1 创建符号对象并检测数据类型。

3. 用两种方法建立符号变量并检测数据类型。

4. 用符号计算和数值计算分别计算 1/2+1/3。

5. 定义符号常量 2/3，用 vpa()、double()、eval()分别计算，查看结果及类型。

6. 用符号微分计算 $\cos^2 x$ 的一阶导数和二阶导数。

7. 用符号积分计算 $\int_a^b x^2 \mathrm{d}x$。

8. 用符号计算求微分方程 $y'=ay$ 的通解。

9. 定义符号表达式 $f=(x-1)(x-2)(x-3)$，写出合并同类项的操作并得到结果。

10. 定义符号表达式 $g=(x+y)^3$，写出展开该表达式的操作并得到结果。

11. 定义符号表达式 $f=x^3-6x^2+11x-6$，写出将该表达式写成嵌套形式的操作并得到结果。

12. 定义符号表达式 $g=x^9+1$，写出对该表达式进行因式分解的操作并得到结果。

13. 用符号极限计算 $\lim\limits_{x \to \infty} \frac{1}{x}$ 的极限值。

14. 设有符号表达式 $\dfrac{1}{2+\cos(x)}$，用泰勒级数展开成 8 项。

第6章
图形与图像处理

【本章概述】

图形是很多科学计算要求的最终结果展示，对观察实验结果具有非常直观的优点。科研人员可以通过图形对样本数据的分布和趋势进行分析。完备的图形功能使计算结果可视化，是MATLAB 的重要特点之一。用图表和图形来表示数据的技术称为数据可视化。MATLAB 提供了非常丰富的绘图功能函数和工具，这些函数和工具使得图形在图形窗口中展示，同时，图形窗口提供了非常多的对图形的处理功能。

6.1 二维图形

6.1.1 plot 绘图

在 MATLAB 中，plot 是最基本的二维绘图函数，其调用格式如下。

（1）plot(Y)：若 Y 为实向量，则以该向量元素的下标为横坐标，以 Y 的各元素值为纵坐标，绘制二维曲线；若 Y 为复数向量，则等效于 plot(real(Y), imag(Y))；若 Y 为实矩阵，则按列绘制每列元素值相对其下标的二维曲线，曲线的条数等于 Y 的列数；若 Y 为复数矩阵，则按列分别以元素实部和虚部为横、纵坐标绘制多条二维曲线。

（2）plot(X,Y)：若 X、Y 为长度相等的向量，则绘制以 X 和 Y 为横、纵坐标的二维曲线；若 X 为向量，Y 是有一维与 X 同维的矩阵，则以 X 为横坐标绘制出多条不同色彩的曲线，曲线的条数与 Y 的另一维相同；若 X、Y 为同维矩阵，则绘制以 X 和 Y 对应的列元素为横、纵坐标的多条二维曲线，曲线的条数与矩阵的列数相同。

（3）plot(X1, Y1, X2, Y2, ..., Xn, Yn)：其中的每一对参数 Xi 和 Yi(i=1,2,...,n) 的取值和所绘图形与(2) 中相同。

（4）plot(X1, Y1, LineSpec, ...)：以 LineSpec 指定的属性绘制所有 Xn、Yn 对应的曲线。

（5）plot(...,'PropertyName', PropertyValue,...)：对于由 plot 绘制的所有曲线，按照设置的属性值进行绘制，PropertyName 为属性名，PropertyValue 为对应的属性值。

6.1.2 plot 绘图举例

【例 6-1】 用函数 plot 画出 sin2x 在区间[0, 8]上的图形。

```
%ex6_1.m
>>x=0:0.02:8;
>>y=sin(2*x);
>>plot(x,y);
```

输出如图 6-1 所示。

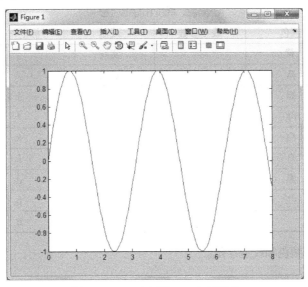

图 6-1　sin2x 在区间[0, 8]上的图形

【例 6-2】　用 plot 函数绘制多条曲线。

```
%ex6_2.m
>> x=0:0.01:8;
>>y1=x.^2-3*x;
>>y2=cos(x.^2);
>>figure
>>plot(x,y1,x,y2)
```

其中，命令 figure 用于表示创建新的图形窗口，结果如图 6-2 所示。

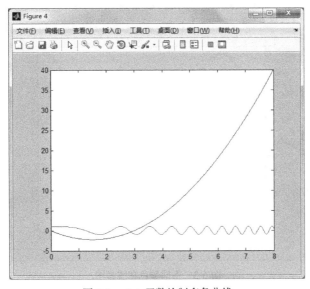

图 6-2　plot 函数绘制多条曲线

在 MATLAB 中，为区别画在同一窗口中的多条曲线，可以改变曲线的颜色和线型等图形属性，plot 函数可以接收字符串输入变量。这些字符串输入变量用来指定不同的颜色、线型和标记符号（各数据点上的显示符号）。表 6-1 列出了常用的颜色、线型和标记符号。

表 6-1　　　　　　　　　　　　　　颜色、线型和标记符号

颜色参数	颜色	线型参数	线型	标记符号	标记
y	黄	-	实线	.	点
b	蓝	:	点线	○	圆圈
g	绿	-.	点划线	+	加号
m	洋红	--	虚线	*	星号
w	白			×	叉号
c	青			s	方块
k	黑			d	菱形
r	红			p	正五角星
				h	正六角星

【例 6-3】　按不同颜色和线型绘图。

```
%ex6_3.m
>>x=0:0.1:4;
>>y1=0.4+sin(2*x);
>>y2=sin(x.^2);
>>figure;
>>plot(x,y1,'b-h',x,y2,'r--s')
```

曲线 y1 采用蓝色、实线、正六角星标记，曲线 y2 采用红色、虚线、方块标记，结果如图 6-3 所示。

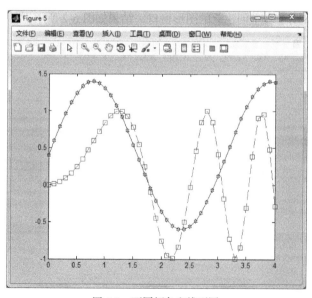

图 6-3　不同颜色和线型图

　　MATLAB 在绘图时会根据数据的分布范围自动选择坐标轴的刻度范围，通过调用函数 axis 指定坐标轴的刻度范围，格式为 axis([xmin,xmax,ymin,ymax])，其中 xmin、xmax、ymin、ymax 分别表示 x 轴的起点、终点，y 轴的起点、终点。同时还可以为坐标轴加标注，使用函数 xlabel('option') 和 ylabel('option')来实现，也可以使用函数 title('option')为图形加标题。另外使用函数 legend('option ') 加标注，使用命令 grid on/off 添加或取消网格线，更加方便的是调用 text(x, y, 'string') 在指定的 坐标(x, y) 处可加上文字。

【例 6-4】　添加坐标标注、标题、网格以及标注的图形。

```
%ex6_4.m
>>x=0:0.01:4 ;
>>figure
>>y1=cos(2.^x)-0.5;y2=sin(x*4);
>>plot(x,y1,x,y2,'r--');
>>xlabel('In');ylabel('Out');
>>title('My Graphics');
>>legend('y1=cos(2.^x)-0.5','y2=sin(x*4)');
>>grid on;
```

　　在本例中，x 坐标轴标注为 In，y 坐标轴标注为 Out，图形标题为 My Graphics，图形标注为 y1=cos(2.^x)-0.5、y2=sin(x*4)，并为图形增加了网格线，如图 6-4 所示。

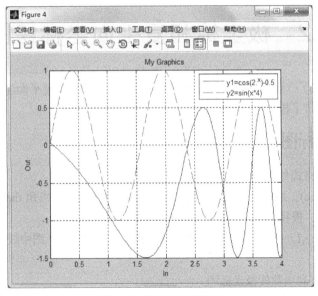

图 6-4　增加标注的图形

【例 6-5】　给图形增加文字标识。

```
%ex6_5.m
>>plot(-pi:pi/10:pi,cos(-pi:pi/10:pi));
>>text(pi/2,0,' \leftarrow cos(\pi/2)','FontSize',18);
```

　　在本例中，使用 text 加标注，在图形中可以增加符号，如上面的\leftarrow 表示左前头，同时可以设定字体大小，如图 6-5 所示。

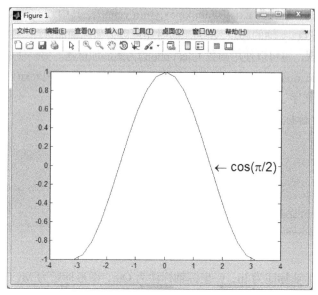

图 6-5　在图形中加上文字标注

6.2　极坐标和复平面坐标绘图

MATLAB 还提供了一些特殊的坐标图形函数，如绘制极坐标和复平面坐标图，给各种数学运算结果的显示和分析带了极大的方便。

6.2.1　极坐标图

极坐标图的调用格式如下。

（1）polar(theta,rho)：用极角 theta 和极径 rho 画出极坐标图形。极角 theta 表示从 x 轴到半径的单位为弧度的向量，极径 rho 表示各数据点到极点的半径向量。

（2）polar(theta,rho,LineSpec)：其中，参量 LineSpec 指定极坐标图中线条的线型、标记符号和颜色等。

【例 6-6】　画出下列函数的极坐标图。

```
%ex6_6.m
>>x=0:0.1:2*pi;
>>polar(x,sin(2*x));
```

图形结果如图 6-6 所示。

【例 6-7】　画出下列函数的极坐标图。

```
%ex6_7.m
>  >x=0:0.1:2*pi;
>>polar(x,sin(2*x),'r--s');
```

图形结果如图 6-7 所示。

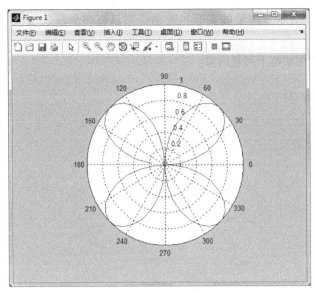

图 6-6　例 6-6 极坐标图

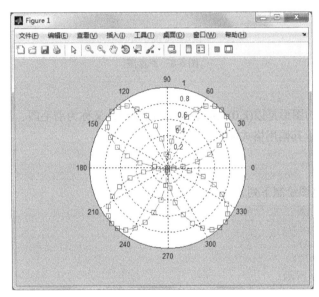

图 6-7　例 6-7 极坐标图

从上面两幅图像可以看出，这两个极坐标指令的主要区别在于，第二种指令中指定了极坐标图中线条的线型、标记符号和颜色等，而第一种指令使用的是系统默认值。

6.2.2　复平面坐标图

在 MATLAB 中，compass 和 feather 命令都可以用来画复平面坐标图。

1. compass 命令

compass 命令绘制的图像是以坐标原点为起点的一组复向量，所以又被称为罗盘图。其调用格式如下：

```
compass(x,y);
compass(z);
```

其中，x，y 分别表示复向量的实部和虚部；当只有一个参数 z 时，则相当于 compass（real(z),imag(z)）。

【例 6-8】 用罗盘图绘制下列复向量。

```
%ex6_8.m
>>theta=0:0.1:pi;
>>x=exp(i*theta);
>>compass(x,'r');
```

图形结果如图 6-8 所示。

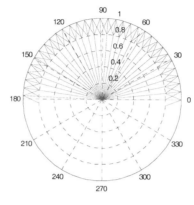

图 6-8　罗盘图

2. feather 命令

feather 命令绘制的图形是以(k,0) 为起点的复向量图，又称为羽毛图，其中，k 是从 1～n，n 是 Z 向量的元素序号。其调用格式如下：

```
feather(x,y);
feather(z);
```

【例 6-9】 用羽毛图绘制下列复向量。

```
%ex6_9.m
>>theta=0:0.1:pi;
>>x=exp(i*theta);
>>feather(x,'r');
```

图形结果如图 6-9 所示。

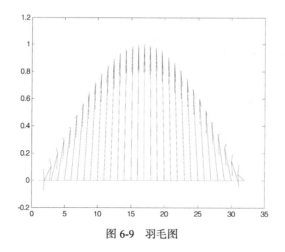

图 6-9　羽毛图

6.3　三　维　图　形

6.3.1　三维曲线图

用函数 plot3 可以直接绘制三维图形，其调用格式主要有以下几种。

（1）plot3(X1,Y1,Z1,...)：其中 X1、Y1、Z1 为向量或矩阵，表示图形的三维坐标。该函数可以在同一图形窗口一次画出多条三维曲线，以 X1,Y1,Z1，...，Xn,Yn,Zn 指定各条曲线的三维坐标。

（2）plot3(X1,Y1,Z1,LineSpec,...)：以 LineSpec 指定的属性绘制三维图形。

（3）plot3(...,'PropertyName',PropertyValue,...)：对用函数 plot3 绘制的图形对象设置属性。

【例 6-10】　绘制三维曲线图(sin(x), x,cos(x))。

```
%ex6_10.m
  x=0:0.01:30;
  figure
  plot3(sin(x),x,cos(x),'r');
  grid;
  text(0,0,0,'0');
  title('Three Dimension');
  xlabel('sin(x)');ylabel('x'),zlabel('cos(x)');
```

这里，绘制向量组(sin(x), x,cos(x))的三维曲线图，如图 6-10 所示，其中，plot3 的使用格式和二维绘图的 plot 命令很相似。

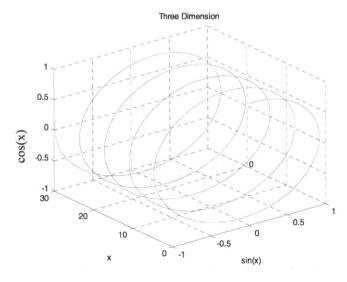

图 6-10　三维曲线示例

6.3.2　三维曲面图

在 MATLAB 中，可以通过调用函数 surf 来直接绘制三维曲面图，其使用格式如下。

（1）surf(X,Y,Z)：以 Z 确定的曲面高度和颜色，按照 X、Y 形成的"格点"矩阵，创建一渐变的三维曲面。X、Y 可以为向量或矩阵，若 X、Y 为向量，则必须满足 m= size(X)，n =size(Y)，[m,n] = size(Z)。

（2）surf(X,Y,Z,C)：以 Z 确定的曲面高度，C 确定的曲面颜色，按照 X、Y 形成的"格点"矩阵，创建一渐变的三维曲面。

【例 6-11】 绘制球面图。

```
%ex6_11.m
  figure
  [X,Y,Z]=sphere(30);
  surf (X,Y,Z);
  xlabel('x'),ylabel('y'),zlabel('z');
  title('Globle');
```

这里调用了函数 sphere(n)来生成球体坐标，其中 n 表示将整个球体坐标划分的网络数，即生成的向量组(x,y,z)的大小，如图 6-11 所示。

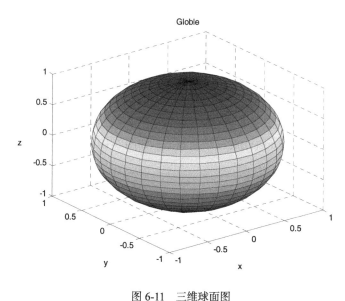

图 6-11   三维球面图

6.4   网格图与等高线

6.4.1   网格图

在 MATLAB 中，网格可以利用 meshgrid 命令来实现，其调用格式如下：

```
[X,Y] = meshgrid(x, y)
```

其中，X,Y 是栅格点的坐标，为矩阵；x,y 为向量。

在 MATLAB 中，为了方便测试立体图，还提供了 peaks 函数，可以产生一个凹凸有致的曲面，包含 3 个局部极大点和 3 个局部极小点;同时,为了直观起见,还可以用 mesh 命令来查看 meshgrid 的输出图形。

【**例 6-12**】 绘制方程 $x\mathrm{e}^{-x^2-y^2}$ 的曲面图，其中$-2 \leqslant x, y \leqslant 2$。

```
%ex6_12.m
 [x,y] = meshgrid(-2:.2:2, -2:.2:2);
 z =x.*exp(-x.^2 - y.^2);
 surf(x,y,z);
```

这里 meshigrid（x,y）的作用是产生一个以向量 x 为行，向量 y 为列的矩阵，而 x、y 是从-2开始到 2，每间隔 0.2 记下一个数据。图形如图 6-12 所示。

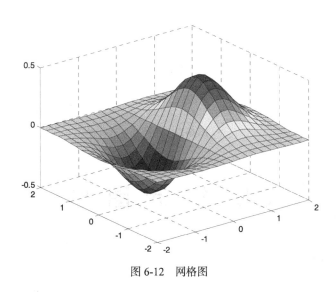

图 6-12　网格图

6.4.2　等高线

在 MATLAB 中，可以直接用 contour 和 contour3 命令绘制出等高线。

其调用格式如下。

（1）contour(z)：把矩阵 z 中的值作为一个二维函数的值，等高曲线是一个平面的曲线，平面的高度 v 是 MATLAB 自动取的。

（2）contour(x,y,z)：(x,y)是平面 z=0 上点的坐标矩阵，z 为相应点的高度值矩阵，效果同上。

（3）contour(z,n)：画出 n 条等高线。

（4）contour(x,y,z,n)：画出 n 条等高线。

（5）contour(z,v)：在指定的高度 v 上画出等高线。

【**例 6-13**】 绘制出例 6-12 中的等高线。

```
%ex6_13.m
 [x,y] = meshgrid(-2:0.2:2, -2:0.2:2);
  z =x.*exp(-x.^2 - y.^2);
contour(x,y,z);
contour3(z,30);
```

其图形如图 6-13 所示。

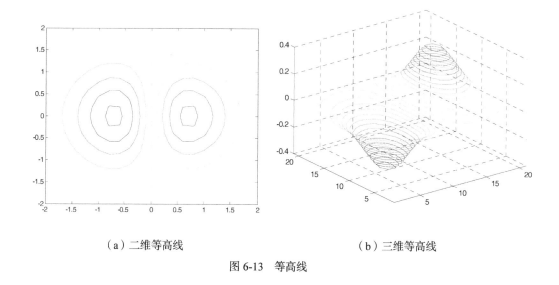

（a）二维等高线　　　　　　　　　　　　（b）三维等高线

图 6-13　等高线

6.5　统　计　图　形

6.5.1　条形图

条形图常用于对统计的数据进行作图，特别适用于少量且离散的数据，其调用格式如下。

（1）画垂直条形图：bar(x,y,width,'参数')。

（2）画水平条形图：barh(x,y,width, '参数')。

（3）画三维垂直条形图：bar3(x,y,z,width, '参数')。

（4）画三维水平条形图：bar3h(x,y,z,width, '参数')。

【例 6-14】 用条形图表示某年七月份 11～15 日连续五天的温度数据，其中矩阵的各列分别表示平均温度、最高温度和最低温度，请分别用二维条形图和三维条形图来表示。

```
%ex6_14.m
  x=11:15;
  y=[35  30  42
     32  31  45
     30  32  41
     34  38  42
     29  32  43];
  %bar(x,y);
  %bar3(x,y);
  %barh(x,y);
  bar3h(x,y);
```

其二维条形图和三维条形图如图 6-14 所示。

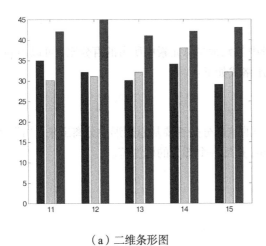
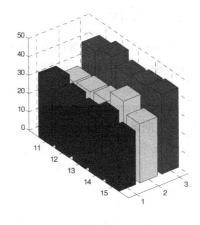

（a）二维条形图　　　　　　　　　　（b）三维条形图

图 6-14　条形图

6.5.2　直方图

直方图和条形图的形状非常相似，但是直方图可以显示出数据的分布规律，所以具有很好的统计特性。其调用格式如下：

```
1.  hist(y,m);
2.  hist(y,x);
```

其中，m 是分段的个数，省略时则默认为 10；x 是向量，用来说明每个数据段里的中间值，y 可以是向量也可以是矩阵，如果是矩阵时就按列分段。

【例 6-15】　绘制向量的直方图。

```
%ex6_15.m
x = -2:0.1:2;
y = randn(10,1);
hist(y,x);
%hist(y);
```

其图形结果如图 6-15 所示。

若想改为矩阵的直方图，将 y=randn(10,1)改成矩阵即可，如 y=randn(10,6)。

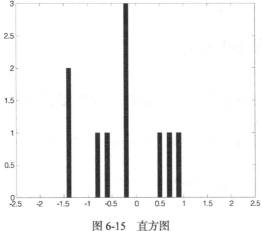

图 6-15　直方图

6.5.3 饼形图

在 MATLAB 中，饼形图可以用来显示向量中各元素在总元素中所占的百分比，可以用 pie 和 pie3 命令来分别绘制二维和三维饼形图，其调用格式如下：

```
1. pie(x,explode,'label');
2. pie3(x,explode,'label');
```

其中，x 是向量，explode 用来表示饼形图中的这部分是否要从总图形中分离出来，"1"表示这部分要分离出来，"0"表示不分离出来。Label 是每一个部分的标注符。

【例 6-16】 二维饼形图制作。

```
%ex6_16.m
x = [2 3 0.5 4.5 8];
explode = [0 1 0 1 0];
pie(x,explode);
```

其绘制出来的饼形图如图 6-16 所示。

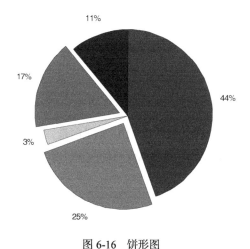

图 6-16 饼形图

6.6 子图和其他绘图函数

6.6.1 子图函数 subplot()

1. subplot(m,n,p)

此函数表示将图形分成 m*n 个子区域，在第 p 个子区域绘制坐标并画图。

2. subplot(m,n,[p1,p2,...])

此函数表示将图形分成 m*n 个子区域，合并 p1,p2,...等子区域成为新的子区域，并将图形绘制在该区域。

【例 6-17】 在一个图形上绘制相同大小的子图。

```
%ex6_17.m
x=-pi:pi/20:pi;
```

```
subplot(2,3,1)
plot(x,cos(x));
title('First: cos');
subplot(2,3,2)
plot(x,sin(x));
title('Second: sin');
subplot(2,3,3)
plot(x,abs(x));
title('Third: abs');
subplot(2,3,4)
plot(x,floor(x));
title('Fourth: floor');
subplot(2,3,5)
plot(x,round(x));
title('Fifth: round');
subplot(2,3,6)
plot(x,sign(x));
title('Sixth: sign');
```

得到的 6 个子图如图 6-17 所示。

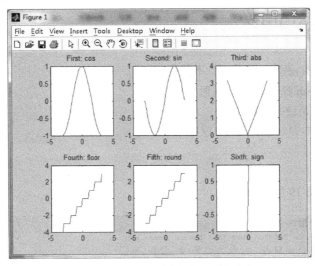

图 6-17　有 6 个相同大小子图的图形

【例 6-18】 在一个图形上绘制不同大小的子图。

```
%ex6_18.m
x=-pi:pi/20:pi;
subplot(2,3,[1 4])
plot(x,cos(x));
title('First: cos');
subplot(2,3,[2 3])
plot(x,sin(x));
title('Second: sin');
subplot(2,3,5)
plot(x,round(x));
title('Third: round');
subplot(2,3,6)
plot(x,sign(x));
title('Fourth: sign');
```

得到的 4 个子图如图 6-18 所示。

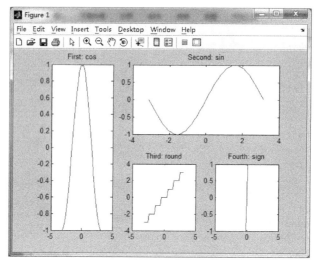

图 6-18　有 4 个不同大小子图的图形

6.6.2　其他绘图函数

1. mesh()

此函数类似于 surf()函数，画曲面，不着色。

【例 6-19】　用 mesh 画例 6-12 的图形。

```
%ex6_19.m    %ex6_12.m的变形
 [x,y] = meshgrid(-2:.2:2, -2:.2:2);
 z =x.*exp(-x.^2 - y.^2);
 mesh(x,y,z);
 %surf(x,y,z);
```

得到的图形如图 6-19 所示。

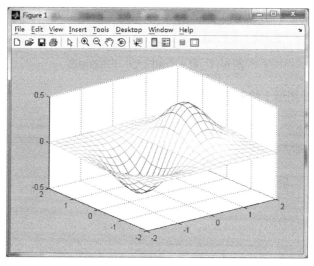

图 6-19　mesh()绘图

2. meshc()

此函数既画曲线，又画等高线。

【例 6-20】 用 meshc()画图。

```
%ex6-20.m
[x,y,z]=peaks(30);
meshc(z);
```

得到的图形如图 6-20 所示。

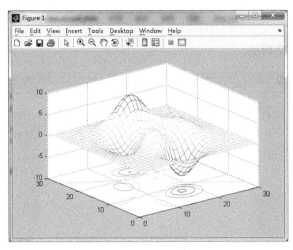

图 6-20　meshc()绘图

3. meshz()

此函数既画曲线，又画边界线。

【例 6-21】 用 meshz()画图。

```
%ex6-21.m
[x,y,z]=peaks(30);
meshz(z);
```

得到的图形如图 6-21 所示。

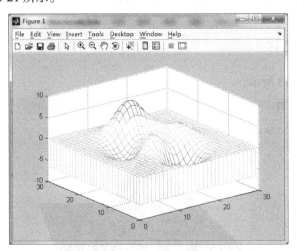

图 6-21　meshz()绘图

4. grid

有 grid on 和 grid off 两种，可控制网格线。

5. box

有 box on 和 box off 两种，可控制边界的坐标刻度。

6. plotyy()

此函数画双纵坐标图形。

【例 **6-22**】 画出 $y=\sin(x)$ 和 $y=\cos(x)$ 在[0，π]中的双纵坐标图形。

```
x=0:0.01:pi;
y1=sin(x);
y2=cos(x);
plotyy(x,y1,x,y2);
```

得到的图形如图 6-22 所示。

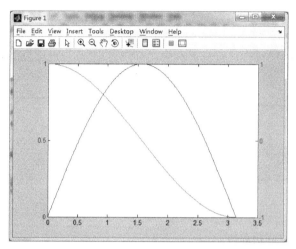

图 6-22　$y=\sin(x)$ 和 $y=\cos(x)$ 在[0,π]中的双纵坐标图形

7. patch()

此函数绘制封闭图形。

【例 **6-23**】 给定平面坐标(0,1),(1,0),(3,1),(5,0),(6,2),(4,2),(3,3),(0,1)，试绘制封闭图形。

```
%ex6_23.m
x=[0 1 3 5 6 4 3 0];
y=[1 0 1 0 2 2 3 1];
patch(x,y,'b')
```

得到的图形如图 6-23 所示。

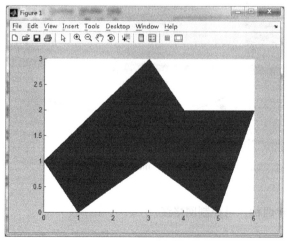

图 6-23　绘制的封闭图形

8．semilogx（ ）

此函数画半对数图。

6.7　隐函数绘图

6.7.1　一元隐函数绘图

利用符号函数，可以通过函数 ezplot 绘制任意一元函数，其调用格式如下。

（1）ezplot(f) ：按照 x 的默认取值范围(-2*pi<x<2*pi) 绘制 f =f (x) 的图形。对于 f =f (x, y)，x、y 的默认取值范围为：-2*pi< x <2*pi、-2*pi< y <2*p；绘制 f (x, y) = 0 的图形。

（2）ezplot(f,[min,max]) ：按照 x 的指定取值范围(min<x<max) 绘制函数 f =f (x) 的图形。

【**例 6-24**】　绘制函数 $f(x,y)=e^x\cos(y)+y^2/(\cos(xy)+1)$ 的图形。

```
%ex6_24.m
syms x y;
f=exp(x)*cos(y)+y^2/(1+cos(x*y));
ezplot(f);
```

结果如图 6-24 所示。

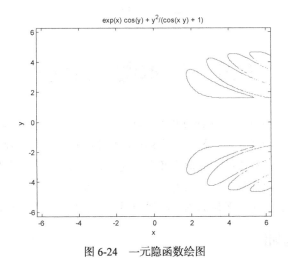

图 6-24　一元隐函数绘图

6.7.2　二元隐函数绘图

二元隐函数可以调用函数 ezmesh 来绘图，使用格式如下。

（1）ezmesh(f)：按照 x、y 的默认取值范围(−2*pi<x<2*pi, −2*pi<y<2*pi) 绘制函数 f(x,y)的图形。

（2）ezmesh(f,domain) ：按照 domain 指定的取值范围绘制函数 f(x,y)的图形，domain 可以是 1×4 的向量：[xmin, xmax, ymin, ymax] ；也可以是 1×2 的向量：[min, max]，此时，min<x<max，min < y < max。

【**例 6-25**】　绘制函数 $f(x,y) = \sqrt{1+x^2+y^2}$ 的图形。

```
%ex6_25.m
syms x,y;
f=sqrt(1+x^2+y^2);
ezmesh(f);
```

结果如图 6-25 所示。

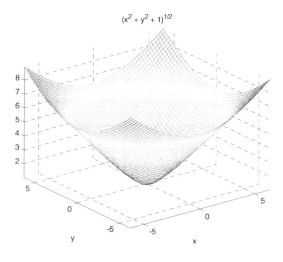

图 6-25　二元隐函数绘图

6.8　基本图像处理

图像处理(Image Processing) 是用计算机对图像进行分析，以达到所需结果的技术。

图像处理一般指数字图像处理。数字图像是指用数字摄像机、扫描仪等设备经过采样和数字化得到的一个大的矩阵，该矩阵的元素称为像素，其值为一整数，称为灰度值。图像处理技术的主要内容包括图像压缩、增强和复原、匹配、描述、识别等。

常见的处理有图像数字化、图像编码、图像增强、图像复原、图像分割和图像分析等。

6.8.1　图像基础

1. 图像及其类型

MATLAB 图像处理工具箱支持 4 种基本图像类型：索引图像、灰度图像、二进制图像和真彩色（RGB）图像。

（1）索引图像

索引图像包括图像矩阵和色图矩阵。其中色图是按图像中颜色值进行排序后的矩阵。对于每个像素，图像矩阵包含一个值，这个值就是色图矩阵中的索引。色图为 $m \times 3$ 的双精度值矩阵，各行分别指定红绿蓝(RGB) 的单色值，RGB 为值域是[0，1] 的实数值，0 代表最暗，1 代表最亮。

（2）灰度图像

灰度图像保存在一个矩阵中，矩阵的每个元素代表一个像素点。矩阵可以是双精度类型，值域为[0，1]；也可以为 unit8 类型，值域为[0，255]。矩阵的每个元素值代表不同的亮度或灰度级，

0 表示黑色，1（或 unit8 的 255）代表白色。

（3）二进制图像

表示二进制图像的二维矩阵仅由 0 和 1 构成。二进制图像可以看作一个仅包括黑与白的特殊灰度图像，也可以看作共有两种颜色的索引图像。二进制图像可以保存为双精度或 unit8 类型的数组。显然，用 unit8 类型可以节省空间。在图像处理工具箱中，任何一个返回二进制图像的函数都是以 unit8 类型逻辑数组来返回的。

（4）真彩色图像

真彩色（RGB）图像用 RGB 这 3 个亮度值表示一个像素的颜色，真彩色图像各像素的亮度值直接存储在图像数组中，图像数组为 $m×n×3$，m、n 表示图像像素的行数和列数。

2. 数字图像格式

计算机数字图像文件的常用格式有：BMP（Windows 位图文件）、HDF（层次数据格式图像文件）、JPEG（联合图像专家组压缩图像文件）、PCX（Windows 画笔图像文件）、TIF（标签图像格式文件）、XWD（X Windows Dump 图像格式文件）等。

6.8.2　图像的读和写

1. 读入图像

从图像文件中读入图像数据用函数 imread，常用格式如下。

（1）A = imread(filename,fmt)：将文件名指定的图像文件读入 A，如果读入的是灰度图像，则返回 M×N 的矩阵；如果读入的是彩色图像，则返回 M×N×3 的矩阵。fmt 为代表图像格式的字符串，常见的有 "bmp" "hdf" "jpg" "gif" "png" "pcx" 等。

（2）[X,map] = imread(filename,fmt)：将文件名指定的索引图像读入矩阵 X，其返回的色图到 map。

2. 写图像文件

用函数 imwrite 可以将图像写入文件，其命令格式如下。

（1）imwrite(A,filename,fmt)：将 A 中的图像按 fmt 指定的格式写入文件 filename 中。

（2）imwrite(X,map,filename,fmt)：将矩阵 X 中的索引图像及其色图 map 按 fmt 指定的格式写入文件 filename 中。

6.8.3　图像的显示

MATLAB 的图像处理工具箱提供了函数 imshow 来显示图像，其调用格式如下。

（1）imshow (I,n)：用 n 个灰度级显示灰度图像，n 默认时使用 256 级灰度或 64 级灰度显示图像。

（2）imshow (I,[low, high])：将 I 显示为灰度图像，并指定灰度级为范围[low, high]。

（3）imshow(BW)：显示二进制图像。

（4）imshow (X,map)：使用色图 map 显示索引图像 X。

（5）imshow (RGB)：显示真彩色(RGB) 图像。

（6）imshow (filename)：显示 filename 所指定的图像文件。

【例 6-26】 显示灰度图像月亮(moon.tif)。

```
I=imread('moon.tif');
imshow(I);
```

这个例子中使用 imread 函数将图像文件读入矩阵 I 中，原始图像大小可以使用 size(I)来求得，然后通过调用 imshow 显示图像，如图 6-26 所示。

【例 6-27】 显示 RGB 真彩色图像辣椒(peppers.png)。

```
I=imread('peppers.png');
imshow(I);
```

结果如图 6-27 所示。

图 6-26　月亮图像

图 6-27　辣椒图像

【例 6-28】 将图像辣椒保存为灰度图像，并显示。

```
I=imread('peppers.png ');
I=rgb2gray(I);
imwrite(I, 'mypepper.tif ');
imshow(I);
```

本例中，函数 rgb2gray 的作用是将矩阵 I 所表示的图像转换为灰度图像。MATLAB 中有许多图像类型转换函数，读者可进一步参考相关资料。

MATLAB 在图形图像处理方面提供了非常强大的支持。

MATLAB 提供了非常丰富的绘图功能，可以通过函数 plot 和 plot3 来绘制二维和三维曲线，也可以通过函数 surf 来绘制三维曲面图形，还可以通过 polar 和 compass 函数来绘制极坐标和复平面坐标图，通过 meshgrid 和 contour 函数来绘制网格图和等高线图，通过 bar 函数、hist 函数和 pie 函数来绘制条形图、直方图和饼形图等统计图形，ezplot 用于隐函数绘图。

MATLAB 支持 4 种基本图像类型：索引图像、灰度图像、二进制图像和真彩色（RGB）图像。一个图像可以通过 imread 来存入矩阵中，然后通过 imshow 来显示，也可以调用函数 imwrite 将图像矩阵写入一个指定类型的文件中，各种图像文件格式之间可以相互转换，如 rgb2gray 可以将真彩色图像转换为灰度图像。

习　　题

1. 绘制函数 $y=\cos(2x)$ 和 $y=\sin(x^2+x)$ 在 $[0,\pi/2]$ 中如图 6-28 所示的双纵坐标图像。

2. 画出 $y1=\ln x+x$，$y2=x+5$ 在 $[10^{-2}, 10^1]$ 中如图 6-29 所示的半对数图像。

3. 给定 $x = [2\ 3\ 0.5\ 4.5\ 8]$，画出如图 6-30 所示的三维统计图形。

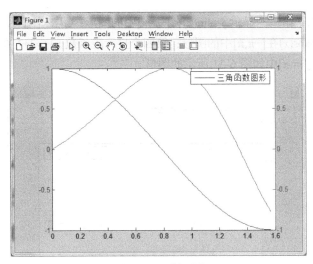

图 6-28　习题 1 图

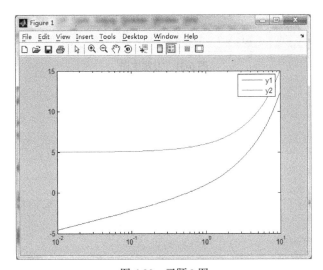

图 6-29　习题 2 图

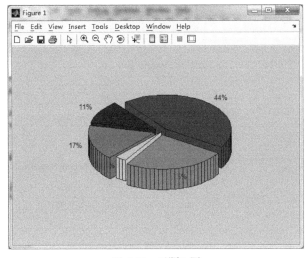

图 6-30　习题 3 图

4. 画出四个子图，第一个显示 $y=\sin(x)$ 在 $[-\pi,\pi]$ 中的图形；第二个显示 $y=\cos(x)$ 在 $[-\pi,\pi]$ 中的图形；第三个显示 $y=\mathrm{abs}(x)$ 在 $[-\pi,\pi]$ 中的图形；第四个显示隐函数 $x3+y3+1$ 在 $[-\pi,\pi]$ 中的图形。

5. 画出 $\cos(x)$ 在 $[-\pi,\pi]$ 中如图 6-31 所示的图形。

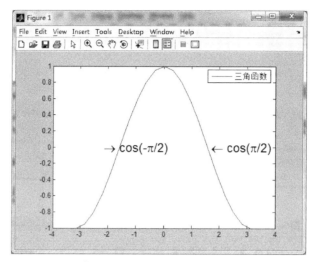

图 6-31　习题 5 图

第7章
Simulink 仿真

【本章概述】

本章内容包含: Simulink 介绍、Simulink 常用模块介绍、Simulink 建模、Simulink 仿真、Simulink 建模仿真综合案例分析。

7.1 Simulink 简介

7.1.1 Simulink 概述

作为 MATLAB 最重要的组件之一，Simulink 提供了一个动态系统建模、仿真和综合分析的集成仿真环境。为了实现系统模型的动态仿真，Simulink 为某个特许功能的模块建立了一个基于模型方块图的图形用户接口（GUI），用户通过 Simulink，不需要书写大量的源代码，只需通过简单的鼠标拖曳和键盘操作，就可以构造实现复杂功能的系统，它可以针对控制系统、信号处理及通信系统等进行系统的建模、仿真、分析等工作。它可以处理的系统包括：线性、非线性系统；离散、连续及混合系统；单任务、多任务离散事件系统。它也支持多速率系统，也就是系统中的不同部分具有不同的采样速率。利用 Simulink 进行系统的建模仿真，最大的优点就是易学易用，同时可以利用 MATLAB 提供的丰富仿真资源，Simulink 仿真具有适应面广、结构和结果直观明了、仿真精细、效率高、灵活多变等优点，它已被广泛应用于各种控制理论、神经网络、数字信号处理的复杂仿真和设计。

7.1.2 Simulink 的特点

Simulink 的特点表现在如下几个方面。

1. 图形化建模

Simulink 提供一种图形化的建模方式。所谓图形化建模指的是用 Simulink 中丰富的按功能分类的模块库，帮助用户轻松地建立起动态系统的模型（模型用模块组成的框图表示）。用户只需要知道这些模块的输入、输出及实现的功能，通过对模块的调用、连接就可以构成所需系统的模型。整个建模的过程只需用鼠标进行单击和简单拖动即可实现。

利用 Simulink 图形化的环境及提供的丰富的功能模块，用户可以创建层次化的系统模型。从建模角度讲，用户可以采用从上到下或从下到上的结构创建模型。从分析研究角度讲，用户可以从最高级观察模型，然后双击其中的子系统，来检查下一级的内容，依此类推，从而看到整个模型的细节，帮助用户理解模型的结构和各个模块之间的关系。

2. 交互式仿真环境

可以利用 Simulink 中的菜单或在 MATLAB 的命令窗口中输入命令来对模型进行仿真。菜单方式对于交互工作特别方便，而命令行方式对大量重复仿真很有用。Simulink 内置很多仿真的分析工具，如仿真算法、系统线性化、寻找平衡点等。仿真的结果可用图形的方式显示在类似于示波器的窗口内，也可以将输出结果以变量的方式保存起来，并输入到 MATLAB 中，让用户观察系统的输出结果并做进一步的分析。

3. 专用模块库(Blocksets)

Simulink 提供了许多专用模块库，如 DSP Blocksets 和 Communication Blocksets 等。利用这些专用模块库，Simulink 可以方便地对 DSP 及通信系统等进行仿真分析和原型设计。

4. 与 MATLAB 的集成

由于 MATLAB 和 Simulink 是集成在一起的，因此用户可以在这两种环境中对自己的模型进行仿真、分析和修改。

7.2　Simulink 的常用模块

在 Simulink 中，创建模型实际上是构造模型框图，并且保存为.mdl 的 ASCII 码文件形式。它实际上在数学上体现了一组微分方程或差分方程，也可以是普通的方程。从行为上来说，这种模型模拟了物理器件构成的实际系统的动态特性。从宏观的框架上看，Simulink 模型通常包含 3 个部分：输入、系统以及输出，如图 7-1 所示。输入一般用信源（Source）表示，可以为常数、正弦波、方波以及随机信号等信号源，代表实际对系统的输入信号；输出一般用信宿（Sink）表示，可以是示波器、图形记录仪等。无论是信源、系统还是信宿皆可以从 Simulink 模块库中直接获得，或由用户根据实际要求采用模块库中的模块搭建而成。

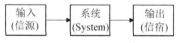

图 7-1　Simulink 模型的基本结构

当然，对于一个具体的 Simulink 模型而言，这 3 种结构并不都是必需的，有些模型可能不存在输入或输出部分，如研究系统的零输入响应就可以不包含信源器件。

Simulink 模型的建立离不开其工作环境——库浏览器(Simulink Library Browser)与模型窗口，库浏览器为用户提供了进行 Simulink 建模与仿真的标准模块库与专业工具箱，而模型窗口是用户创建模型的主要场所。

7.2.1　进入 Simulink 工作环境的方法

出于节省内存和加快 MATLAB 启动速度的需要，MATLAB 启动后，Simulink 并不随之启动，因此要建立一个 Simulink 模型，首先要进入 Simulink 工作环境，进入 Simulink 工作环境有以下 4 种方法。

（1）在 MATLAB 主界面上的工作栏单击图标"Simulink 库"，则可进入如图 7-2 所示的库浏览器窗口。

（2）在 MATLAB 命令提示符">>"下输入"simulink"，则可进入如图 7-2 所示的库浏览器窗口。

（3）在 MATLAB 主界面的左下方单击图标 Start，依次单击 simulink→Library Browser,也

可以进入如图 7-2 所示的库浏览器窗口（此法适合 2011a 等低版本）。

（4）在 MATLAB 命令提示符"＞＞"下输入"simulink3"，则可进入如图 7-3 所示的库浏览器窗口。和图 7-2 相比，图 7-3 只是显示形式不一样，是用图标形式显示的 Library simulink3。

若没有特殊说明，本节都是以图 7-2 所示的库浏览器窗口进行操作。

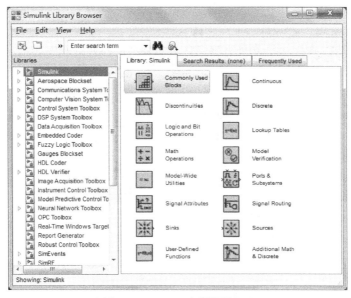

图 7-2　Simulink 库浏览器窗口

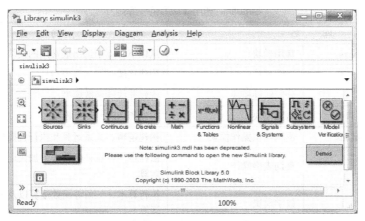

图 7-3　Simulink3 库浏览器窗口

7.2.2　Simulink 的模块库

图 7-2 所示窗口的左半部分是 Simulink 所有库的名称。第一个库是 Simulink 库，该库为 Simulink 的通用模块库，Simulink 库下面的模块库为专业模块库，服务于不同专业领域，普通用户用得较少，如 Control System Toolbox 模块库（面向控制系统的设计与分析）、Communications Blockset（面向通信系统的设计与分析）等。窗口的右半部分是对应于左边窗口打开的库中包含的子库或模块。

1. Simulink 通用模块库

该库是位于 Libraries 展示栏最上方的第一个库（Simulink），单击前面的△号，即可展开其中包含的子库，如 Continuous（连续模块库）、Discrete（离散模块库）、Sinks（信宿模块库）、Sources（信源模块库）等，如图 7-4 所示。这个通用库包含 Simulink 仿真常用的基本模块，本章建模所需的模块大部分在此库中，子库的基本介绍如表 7-1 所示。

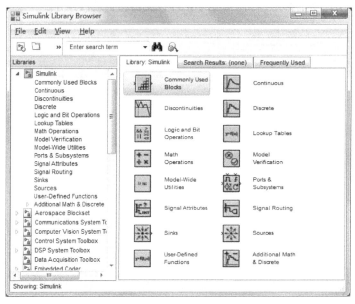

图 7-4　Simulink 通用模块库包含的子库

表 7-1　　　　　　　　　　　　　　Simulink 通用模块库的子库简介

库　　名		简　　介
Commonly Used Blocks	常用模块	从以下各库中选出最常用的模块
Continuous	连续模块	构建连续时间动态模型
Discontinuities	分段线性模块	构建非线性函数模型
Discrete	离散模块	构建离散时间动态模型
Logic and Bit Operations	逻辑与位操作模块	构建逻辑、关系运算和执行位操作
Lookup Tables	查询表格操作	由样点产生查补函数表，加快运算速度或模拟硬件运算
Math Operations	数学模块	执行算术、三角等函数运算以及复数、数组、矩阵运算
Model Verification	模型验证模块	为验证模型的广泛测试，提供检查模型使用范围及性能的模块
Model-Wide Utilities	辅助功能模块	提供模型信息及模型线性化参数的模块
Port & Subsystems	接口和子系统模块	用于构成接口及构建各种子系统，包括使能/触发子系统、各种流向控制子系统
Signal Attributes	信号属性模块	检测和改变信号属性的模块
Signals　Routing	信号路由模块	执行信号的分合及转接模块
Sinks	接收器模块	用于显示和保存所需的仿真信号
Sources	输入源模块	用于产生仿真所需的信号
User-Defined Functions	用户自定义的模块	为用户自定义模块提供基础环境的模块

以下是一些基本模块的说明。

（1）连续模块（Continuous）

- Derivative：输入信号微分
- Integrator：一阶积分
- Integrator Limited：积分限制
- Integrator Second：二阶积分
- Integrator Second-Order Limited：二阶积分限制
- PID Controller：比例微分积分控制器
- State-Space：线性状态空间系统模型
- Transfer-Fcn：线性传递函数模型
- Transport Delay：输入信号延时一个固定时间再输出
- Variable Transport Delay：输入信号延时一个可变时间再输出
- Zero-Pole：以零极点表示的传递函数模型

（2）离散模块（Discrete）

- Delay：延时
- Difference：查分
- Discrete Derivative：离散时间微分器
- Discrete-time Integrator：离散时间积分器
- Discrete FIR Filter：离散 FIR 滤波器
- Discrete IIR Filter：离散 IIR 滤波器
- Discrete Filter：离散滤波器
- Discrete PID Controller：离散 PID 控制器
- Discrete State-Space：离散状态空间系统模型
- Discrete Transfer-Fcn：离散传递函数模型
- Discrete Zero-Pole：以零极点表示的离散传递函数模型
- Discrete Integrator：离散时间积分器
- First-Order Hold：一阶采样和保持器
- Zero-Order Hold：零阶采样和保持器
- Memory：存储上一时刻的状态值
- Tapped Delay：多个采样周期的延时

（3）数学模块（Math Operations）

- Abs：求绝对值
- Add：求和
- Algebraic Constraint：代数约束
- Sum：加减运算
- Product：乘运算
- Divide：除运算
- Dot Product：点乘运算
- Gain：比例运算
- Math Function：包括指数函数、对数函数、求平方、开根号等常用数学函数

- Trigonometric Function：三角函数，包括正弦、余弦、正切等
- MinMax：最值运算
- Sign：符号函数
- Complex to Magnitude-Angle：由复数输入转为幅值和相角输出
- Magnitude-Angle to Complex：由幅值和相角输入合成复数输出
- Complex to Real-Imag：由复数输入转为实部和虚部输出
- Real-Imag to Complex：由实部和虚部输入合成复数输出

（4）非线性模块（Discontinuities）

- Saturation：饱和输出，让输出超过某一值时能够饱和
- Relay：滞环比较器，限制输出值在某一范围内变化
- Quantizer：量化器

（5）信号路由模块（Signal Routing）

- Bus Assignment：总线赋值
- Bus Creator：创建总线
- Bus Selector：总线选择
- Mux：将多个单一输入转化为一个复合输出
- Demux：将一个复合输入转化为多个单一输出
- Switch：开关选择，当第二个输入端大于临界值时，输出由第一个输入端而来，否则输出由第三个输入端而来
- Manual Switch：手动选择开关

（6）接收器模块（Sinks）

- Display：显示
- Scope：示波器
- Floating Scope：浮点示波器
- Out1：输出端
- Stop Simulation：停止仿真
- Terminator：连接到没有连接到的输出端
- To File(.mat)：将输出写入数据文件
- To Workspace：将输出写入 MATLAB 的工作空间
- XY Graph：显示二维图形

（7）输入源模块（Sources）

- Band-Limited White Noise：限带白噪声
- Chirp Signal：啁啾信号
- Clock：时钟信号
- Constant：常数信号
- Ground：接地
- In1：输入端
- From Workspace：来自 MATLAB 的工作空间
- From File(.mat)：来自数据文件
- Pulse Generator：脉冲发生器

- Repeating Sequence：重复信号
- Signal Generator：信号发生器，可以产生正弦、方波、锯齿波及随意波
- Sine Wave：正弦波信号
- Step：阶跃波信号

（8）用户自定义的模块（User-Defined Function）

- Fcn：用自定义的函数（表达式）进行运算
- MATLAB Fcn：利用 MATLAB 的现有函数进行运算
- S-Function：调用自编的 S 函数的程序进行运算

2. 专业库

专业库的模块对应不同的专业，有航空航天模块（Aerospace Blockset）、通信模块库（Comunications Blockset）等，在此不再一一介绍。

7.3　Simulink 建模

7.3.1　新建模型窗口

1. 新建模型窗口的方法

- 在图 7-2 所示的界面上用鼠标单击工具栏上的第一个图标，打开如图 7-5 所示的空白模型窗。

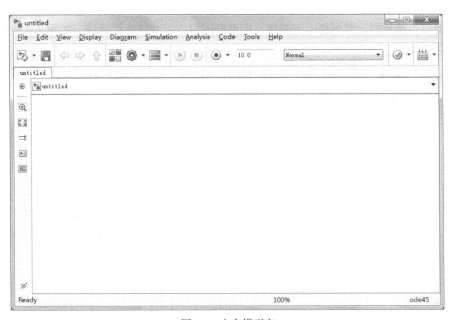

图 7-5　空白模型窗

- 在图 7-2 所示的界面上用鼠标单击菜单栏的下拉菜单 File→New→Model，也可打开如图 7-5 所示的空白模型窗。
- 在 MATLAB 主界面上用鼠标单击菜单栏的下拉菜单新建→Simulink Model，也可打开如

图 7-5 所示的空白模型窗。

- 双击 MATLAB 主界面上当前目录中已有的 Simulink 文件，如图 7-6 所示，即带有.mdl 后缀名的文件，这样可直接打开该文件。

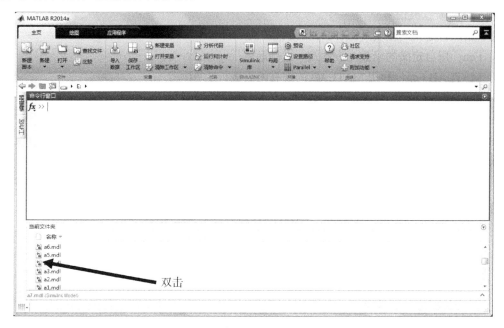

图 7-6　打开已有的 mdl 模型

2. 模型窗口的组成

模型窗口由标题栏、菜单栏、工具栏、模型框图窗口以及状态栏组成，如图 7-7 所示。

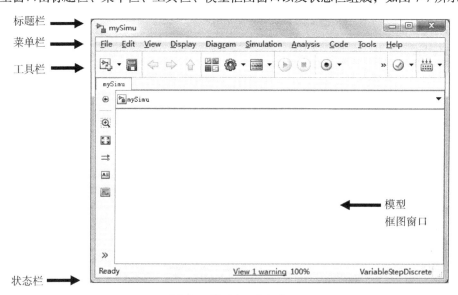

图 7-7　模型窗口的组成

- 标题栏

标题栏位于窗口最顶部，显示当前应用程序文件名，也包含程序图标、"最小化""最大化""还原"和"关闭"按钮，如图 7-8 所示。

图 7-8　标题栏

- 工具栏

模型窗口工具栏如图 7-9 所示。

图 7-9　工具栏

- 菜单栏

Simulink 的模型窗口的常用菜单如表 7-2 所示。

表 7-2　　　　　　　　　　　　　　模型窗口常用菜单

菜单名	菜 单 项	功　　能
File	New——Model	新建模型
	Model properties	模型属性
	Simulink Preferences	Simulink 界面的默认设置选项
	Print…	打印模型
	Close Model	关闭当前 Simulink 窗口
	Exit MATLAB	退出 MATLAB 系统
Edit	Create subsystem	创建子系统
	Mask subsystem…	封装子系统
	Look under mask	查看封装子系统的内部结构
	Update diagram	更新模型框图的外观
View	Go to parent	显示当前系统的父系统
	Model browser options	模型浏览器设置
	Block data tips options	鼠标位于模块上方时显示模块内部数据
	Library browser	显示库浏览器
	Fit system to view	自动选择最合适的显示比例
	Normal	以正常比例(100%)显示模型
Simulation	Start/Stop	启动/停止仿真
	Pause/Continue	暂停/继续仿真
	Simulation Parameters…	设置仿真参数
	Normal	普通 Simulink 模型
	Accelerator	产生加速 Simulink 模型
Format	Text alignment	标注文字对齐工具
	Filp name	翻转模块名

续表

菜单名	菜 单 项	功 能
Format	Show/Hide name	显示/隐藏模块名
	Filp block	翻转模块
	Rotate Block	旋转模块
	Library link display	显示库链接
	Show/Hide drop shadow	显示/隐藏阴影效果
	Sample time colors	设置不同的采样时间序列的颜色
	Wide nonscalar lines	粗线表示多信号构成的向量信号线
	Signal dimensions	注明向量信号线的信号数
	Port data types	标明端口数据的类型
	Storage class	显示存储类型
Tools	Data explorer…	数据浏览器
	Simulink debugger…	Simulink 调试器
	Data class designer	用户定义数据类型设计器
	Linear Analysis	线性化分析工具

7.3.2 建立新的模型

对于新文件，系统默认的文件名为 untitled.mdl，将其保存为 mySimu.mdl，并按照下列步骤构建仿真模型，建立如图 7-10 所示的模型。

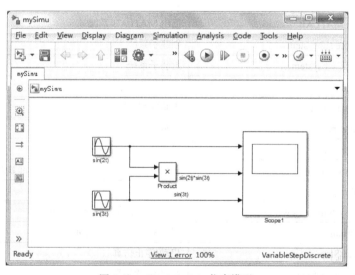

图 7-10 $f(t)$=sin2$t$sin3t 仿真模型

1. 模块的输入

这里有两个正弦波输入信号 sin2t 和 sin3t，从库浏览窗口下的 Sources 模块库中选择 Sine Wave，单击鼠标右键，从弹出的菜单中选择 Add to mySimu，一个如图 7-11（a）所示的正弦波模块被添加到模型文件中，重复上述过程加入另一个正弦波模块。从 Math Operations 模块库下选择 Product 模块，单击鼠标右键，选择 Add to mySimu，一个如图 7-11（b）所示的乘积模块被添加到模型文件中。从 Sinks 模块库下选择 Scope 模块，即示波器模块，这是一个经常使用的信宿模块，同样单击鼠标右键把一个如图 7-11（c）所示的示波器模块加入模型文件中。最后将这些模块摆放到模型框图区域的合理位置。

Sine Wave　　　　Product　　　　Scope
（a）　　　　　（b）　　　　（c）

图 7-11　模块示意图

2. 模块的修改

（1）选定模块

● 选定单个模块

在需要选定的模块上用鼠标左键单击，被选定模块的四角处会出现小黑块编辑框，如图 7-12 所示。

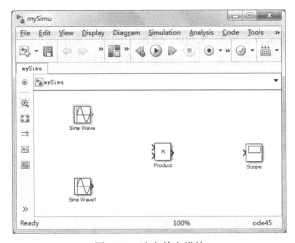

图 7-12　选定单个模块

● 选定多个模块

如果需要选定多个模块，可以先按下 Shift 键，然后再单击所需选定的模块；或者用鼠标拉出矩形虚线框，将所有待选模块框在其中，则矩形框中所有的对象被选中，如图 7-13 所示。

● 选定所有模块

如果要选定所有模块，可以按下 Ctrl+A 组合键或点选下拉菜单 Edit→Select all。

（2）复制模块

● 鼠标右键按住待复制模块不放，然后移动鼠标，此时鼠标上出现虚线框，将其拖到合适的位置。

● 选定模块，使用 Ctrl+C 和 Ctrl+V 组合键。

● 选定模块，使用菜单的"Copy"和"Paste"命令。

● 选定模块，使用工具栏的"Copy"和"Paste"按钮。

（3）移动模块

选定需要移动的模块，用鼠标将模块拖到合适的地方。

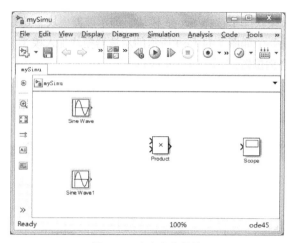

图 7-13　选定多个模块

（4）删除模块

先选定待删除模块，按 Delete 键；或者用工具栏的"Cut"按钮，或者用下拉菜单 Edit→Cut。

（5）改变模块大小

选定需要改变大小的示波器模块 Scope，该模块的四个角出现小黑块，然后用鼠标移动到某个小黑块，出现斜线方向的双向箭头，单击移动即可实现放大或缩小，如图 7-14 所示。

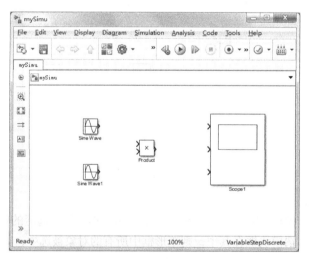

图 7-14　改变模块大小

（6）翻转模块

● 水平翻转：选定模块，右击鼠标，选择菜单 Format→Flip Block 可以实现模块的水平翻转。

● 垂直翻转：选定模块，右击鼠标，选择菜单 Format→clockwise 或 counter clockwise，可以实现模块的垂直旋转。

（7）编辑模块名

单击正弦信号模块下面的模块名 Sine Wave，出现浅色的编辑框就可对模块名进行修改，改成 sin（2t）（和 sin（3t）），如图 7-15 所示。如果要对模块名字体进行设置，可以选定模块，选择菜单 Format→Font，打开字体对话框设置字体。如果要显示和隐藏模块名，先选定模块，再右击菜单 Format→Show Block Name，就可以隐藏或显示模块名。

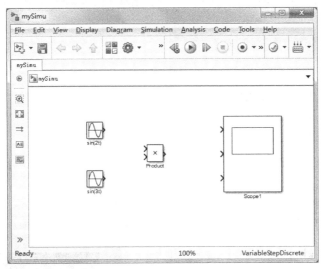

图 7-15　改变模块名

3. 连接信号线

如图 7-15 所示模块的左边、右边或左右两边都有一个或多个符号"＞"，处于左边的为输入接口，处于右边的为输出接口。鼠标单击 sin(2t)正弦波模块的输出符号"＞"处（出现一个十字型光标），并拖曳到 Product 乘积模块的第一个输入符号"＞"处（出现一个双十字型光标），松开鼠标按键完成连线；同理鼠标单击 sin(3t)正弦波模块的输出符号"＞"处，并拖曳到 Product 乘积模块的第二个输入"＞"处；鼠标单击 Product 乘积模块的输出符号"＞"处，并将其拖曳到 Scope 示波器的第二个输入符号"＞"处。同样的方法，将 sin(2t)模块与 Scope 的第一个输入连接，将 sin(3t)模块与 Scope 的第三个输入连接。如此，整个模型的连接信号线已经连接完成，如图 7-10 所示。

4. 模块参数的修改

在模型文件 mySimu 中，选择第一个正弦波模块 sin(2t)，双击该模块进入参数设置窗口，如图 7-16 所示。

通常一个正弦波输出的标准格式为

```
O(t)=Amp*Sin(Freq*t+Phase)+Bias
```

其中，Amp 表示振幅，Freq 为频率，Phase 为初相，Bias 为偏离，在参数窗口中需要根据实际需要来设置这些参数，本处只需要设置频率 Frequency 为 2，同样选择设置第 2 个正弦波的频率为 3。

在模型文件中，双击 Scope 模块，进入示波器窗口，在示波器窗口中单击 Parameters 图标 ◎，进入参数设置窗口，设置坐标系的数目为 3（将 Scope Parameters 对话框内 General 面板上的 Number of axes 设为 3），回到示波器窗口，这时，在示波器窗口会显示 3 个黑色显示屏，在每个黑色显示屏中单击鼠标右键，选择 Axis Properties，将坐标轴的显示参数 Y-min 设置为-1，Y-max 设置为+1，Tile 分别设为 sin2t、sin2t*sin3t、sin3t、如图 7-17 所示。

5. 信号线的标识等其他操作

● 添加文本注释：双击需要添加文本注释的信号线，则出现一个空的文字填写框，在其中输入文本 sin(2t)、sin(2t)*sin(3t)、sin(3t)。

● 修改文本注释：单击需要修改的文本注释，出现虚线编辑框即可修改文本。

图 7-16　正弦波模块参数设置窗口

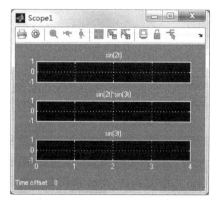

图 7-17　示波器模块参数设置窗口

7.4　Simulink 仿真示例

7.4.1　仿真配置

　　构建好一个系统的模型后，在运行仿真前，必须对仿真参数进行配置。仿真参数的设置包括：仿真过程中的仿真算法、仿真的起始时刻、误差容限及错误处理方式等的设置，还可以定义仿真结果的输出和存储方式。

　　首先在模型窗口的菜单中选择 Simulation→Configurtion Parameters，就会弹出仿真参数设置对话框，如图 7-18（a）所示。在上述模型中，把 Solver 选项卡的 Start time 设为 0，Stoptime 设为 4.0，在 Solver 下拉列表中选择 "discrete(no continuou status)"，其余为默认设置，如图 7-18（b）所示。

　　Solver 参数设置是否合理，直接关系到仿真结果的正确与否。由于不同的模型要设置不同的 Solver 参数，下面对 Solver 参数的设置详细说明。

　　Solver 页的参数设置如下。

　　（1）仿真时间：Start time 为仿真的起始时间，Stop time 为仿真的结束时间。

　　（2）仿真步长：仿真的过程一般是求解微分方程组，"Solve options" 的内容是针对解微分方程组的设置。Type 是设置求解的类型，有 Fix-step 和 Varaible-step，前者表示固定步长，后者是仿真变步长。对于变步长来说，仿真开始信号变化大时，步长小，仿真信号变化小时，步长大，所以应当指定一个容许的误差范围，当误差超过误差范围时要自动修正仿真步长，这也影响求解的精度。

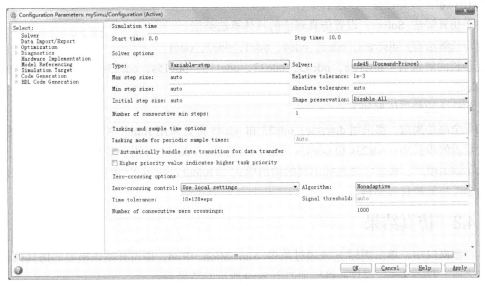

（a）

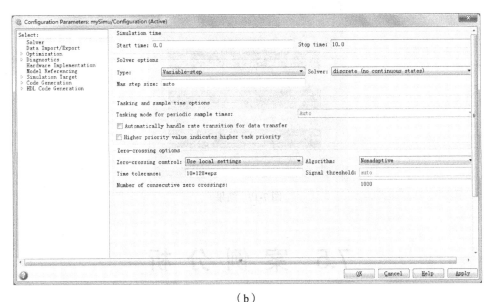

（b）

图 7-18　Solver 参数设置

① 对于定步长来说，Fixed step size 为设置固定步长，默认为 auto。Mode 设置模型类型，有 MuliTasking、Single Tasking、auto 三种。

② 当为变步长时各参数设置如下。

Max step size：最大步长，默认为 auto=(Stop time-Start time)/50。

Max step size：最小步长，默认为 auto。

Initial step size：设置初始步长，默认为 auto。

Relative tolerace：设置相对容许误差。

Absolute tolerace：设置绝对容许误差。

在计算过程中，系统会把计算值和预期值相减得到误差 e。必须满足 e<max(reltol*abs(y(i)), abstol(y(i)))才会接着计算下一步。

（3）仿真解法 Solver：设置仿真解法的具体算法类型。

定步长解法有：discrete，ode5，ode4，ode3，ode2，ode1。

变步长的解法有：discrete，ode45，ode23，ode113，ode15s，ode23s，ode23t，ode23tb，默认为 ode45。

这些算法的参考依据如下。

如果全部是离散，都采用 discrete；ode23 和 ode45 都是采用 Runge-Kutta 法达到同样的精度，前者比后者的步长小；ode23s 和 ode45s 可解 Stiff 方程，ode113 可用于多部预报校正算法。

（4）输出模式：根据需要选择不同的输出模式（Output options），可以达到不同的输出效果。具体请参考相关教材和资料。

7.4.2　仿真结果

在模型窗口中，单击图标⏵或通过菜单 Simulation→Run，即可开始该模型的仿真执行，执行完成之后，双击 Scope 模块，将得到如图 7-19 所示的结果。

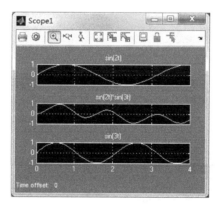

图 7-19　结果

7.5　案　例　分　析

7.5.1　连续系统

在如图 7-20 所示的系统中，质量 m=1kg，弹簧系数 k=100N/m，阻尼 b=2N·s，质量块静止的初始位移 $x(0)$=0.05，建模仿真 x 的变化规律。

目的：引导初学者详尽地经历建模过程，感受模块复制的操作，感受模块的反转、信号线的连接，信号线的标识，初始值的设置以及示波器的操作。

建模过程如下。

1. 数学建模

根据物理规律建立模型对应的数学方程，根据物体的受力情况可写出，$m\ddot{x}+b\dot{x}+kx=0$ 并整理成：$\ddot{x}=-2\dot{x}-100x$。

2. 选择模块

由于加速度 $\ddot{x}$ 与速度 $\dot{x}$，速度 $\dot{x}$ 与位移 x 相同，因此需要 2 个积分模块；用增益模块来模拟等式右边的每项的非零系数；加速度是两者之和，可用 Add 模块来模拟；观察位移和时间的动态关系，需要采用示波器。

3. 将模块拖入模型窗口

打开 Simulink 模块库和新建模型窗口，并从模块库中找出 Integrator、Add、Gain、Scope 模块，一一拖曳到新模型窗口中，由于需要 2 个积分模块和 2 个增益模块，所以分别复制 Integrator、Gain，再把文件保存为 ex7_1.mdl，如图 7-21 所示。

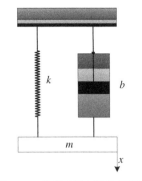

图 7-20　弹簧-质量-阻尼系数图

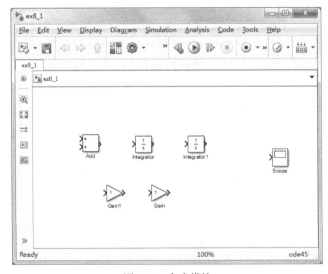

图 7-21　各个模块

4. 改变模块的摆放方向

由于增益模块在反馈支路上，因此必须将它水平反转：右击 Gain 模块，在弹出的菜单中选择 Format→Flip Block，就可以将模块的输入输出方向改成自右向左，同样将 Gain1 模块反转，如图 7-22 所示。

5. 合理摆放模块并连线

先将积分、加法、示波器放在一条直线上，然后将增益模块放在下方，并依次连好线，如图 7-23 所示。

6. 标识信号线

为了更清晰地体现 Simulink 模型与数学方程的关系，需要对相关信号线进行合理标识。因为加法模块输出的是加速度，因此左键双击加法模块输出线上，在文本框上填入 x"，然后依次左键双击 Integrator 和 Integrator1 模块的输出线，在文本框上填入 x', x，如图 7-24 所示。

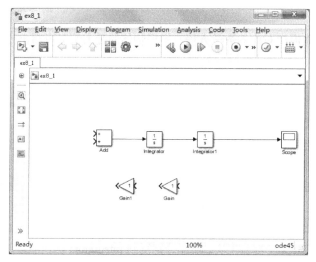

图 7-22　改变模块的摆放方向

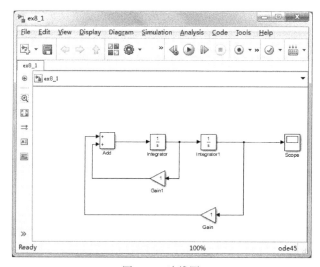

图 7-23　连线图

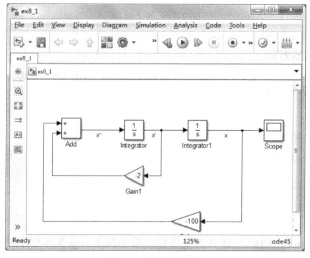

图 7-24　标识信号线

7. 修改模块参数

双击 Gain 模块，修改其参数 Gain 为-100，单击 OK 按钮，如图 7-25 所示，并将 Gain1 的参数改成-2。由于 Integrator1 模块的输出是位移 x，而位移初始条件为 0.05，因此要双击 Integrator1 模块，在弹出的对话框中将 Initial condition 改为 0.05，如图 7-26 所示，单击 OK 按钮，用同样的方法将 Integrator 模块的 Initial condition 改为 0。

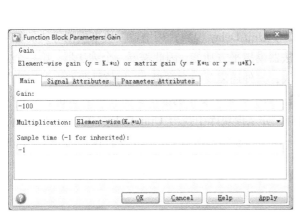

图 7-25　Gain 模块参数修改

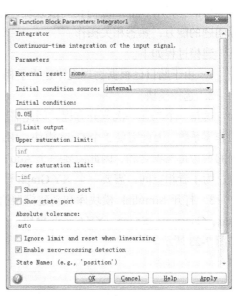

图 7-26　Integrator1 模块参数修改

8. 仿真运行

模型 Model Configurtion Parameters 采用默认值，单击图标，开始仿真，完成后双击 Scope 模块，示波器上初次看到的纵轴幅度范围太大，信号线（黄色）不易于观察，可右击图片再单击示波器工具栏上的 autoscale，其清晰的可视化结果如图 7-27 所示。

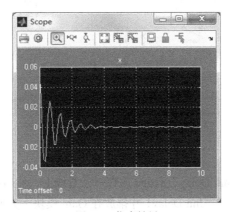

图 7-27　仿真结果

7.5.2　离散系统

1964 年法国天文学家伊侬在研究球状星团的运动规律时，提出了一个自由度为 2 的哈密顿系统，即

$$\begin{cases} x_{n+1} = 1 + b \cdot y_n - ax_n^2 \\ y_{n+1} = x_n \end{cases}$$

在这个方程中，当参数 b=0.3，且改变参数 a 时，系统运动轨道在"相空间"中的分布很奇特。现在要求利用 Simulink 模拟相空间随时间的变化(a=1.4，b=0.3)。

目的：利用 Simulink 仿真离散系统，并让用户掌握建模过程，进一步加强用 Simulink 解决实际问题的能力，熟悉相关操作。

建模过程如下。

1. 由于题目已根据物理规律建立了相应的数学方程，因此数学建模这一步可以省略。

2. 选择模块

这是一个二元一次差分方程，因此需要 2 个 Unit Delay 模块；用增益模块来模拟等式的每项的非零系数，因此需要 3 个 Gain 模块；用乘法器模拟平方功能，因此需要一个乘法器，第一个方程的右边是三项之和，因此需要一个 Add 模块；另外还需要一个常量 1，用信号源 Constant 来模拟；为了看相空间，需要一个 XY Graph 模块，为了看某个变量的波形，需要一个 Scope。

3. 打开 Simulink 模块库和新建模型窗口，并从模块库中找出 Unit Delay、Gain、Product、Add、Constant、Scope、XY Graph 模块，一一拖曳到新模型窗口中，再把文件保存为 ex7_2.mdl，如图 7-28 所示。

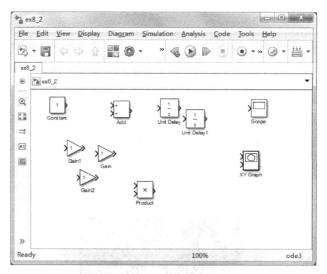

图 7-28　各个模块

4. 合理摆放模块

先将 Constant、Add、Unit Delay、Scope 放在一条直线上，然后将 Gain 和 Product 放在其下方的一条直线上，再将 Gain1 和 Unit Delay1 并排放在 Gain 模块下方的一条直线上，最后将 Gain2 摆在最下面，如图 7-29 所示。

5. 改变模块的摆放方向

由于表示 $-ax_n^2$ 的 Gain 和 Product 模块的信号从右往左，因此必须将它们水平反转；由于表示 b 的 Gain 模块的信号从右往左，因此必须将它水平反转。由于 Add 要输入三个信号，必须再增加一个输入端口，双击 Add，在弹出的对话框中的 list of sign 再加一个+号，将各模块连线，微调各个模块，如图 7-30 所示。

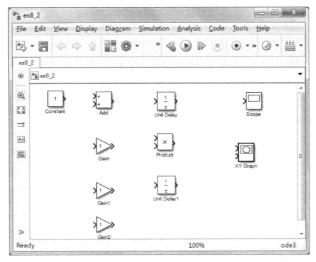

图 7-29　合理摆放模块

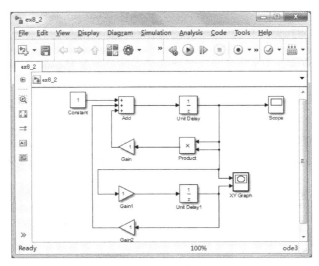

图 7-30　连线

6．标识信号线

为了更清晰地体现 Simulink 模型与数学方程的关系，需要对相关信号线进行合理标识。因为加法模块输出的是加速度，因此左键双击加法模块输出线上，在文本框上填入 x_{n+1}，然后依次左键双击 Unit Delay、Gain1 及 Unit Delay1 模块的输出线，在文本框上填入 x_n，y_{n+1}，y_n，如图 7-31 所示。

7．修改模块参数

双击 Gain 模块，修改其参数 Gain 为-1.4，单击 OK 按钮，如图 7-32 所示，并将 Gain1、Gain2 的参数改成 1，0.3。随机设置 Unit Delay(Unit Delay1)的初始值：双击 Unit Delay(Unit Delay1)模块，在弹出的对话框中，将 Initial condition 改为 0.1，0.2，如图 7-33 所示，微调增益模块的大小，最后得到如图 7-34 所示的 Simulink 模型。

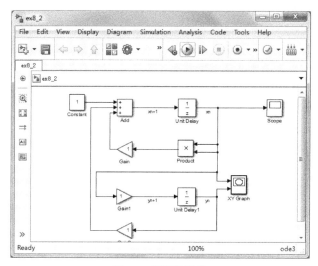

图 7-31 标识信号线

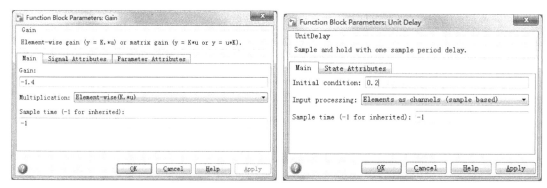

图 7-32　Gain 模块参数修改　　　　　　　图 7-33　Unit Delay 模块参数修改

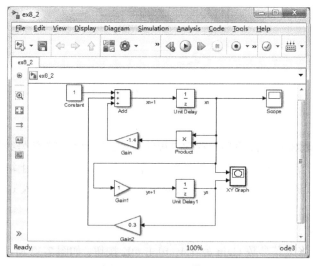

图 7-34　Simulink 模型

8. 仿真运行

先修改模型参数，选择 Simulation→Configurtion Parameters，将 Stop time 改为 100，Solver options 的 Type 改为 Fixed-step，并将 Fixed-step size 改为 0.01，如图 7-35 所示。然后单击图标，开始仿真，XY Graph 模块的窗口自动弹出，发现有些范围无法观察到，此时可以单击图标停止仿真，双击 XY Graph，合理设置 x-min,x-max,y-min,y-max，这个值的大小跟具体问题有关，可通过示波器 Scope 观察横坐标、纵轴幅度范围，在这里设置大小如图 7-36 所示。其清晰的可视化结果如图 7-37 所示。

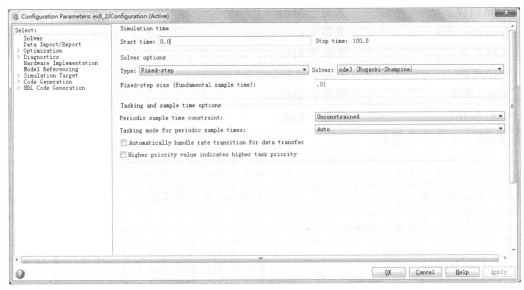

图 7-35　Configurtion Parameters 配置

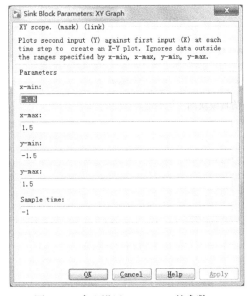

图 7-36　合理设置 XY Graph 的参数

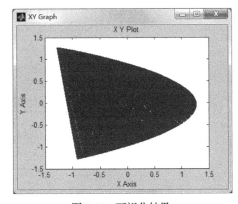

图 7-37　可视化结果

习　　题

1. 什么是仿真？什么是计算机仿真？

2. Simulink 仿真模型包括哪几个部分？

3. 什么是信源、信宿和信道？

4. 简述 Simulink 的启动方式。

5. 对 $x'=-2x(t)+u(t)$ 进行建模和仿真。

建模所需模块如下。

Gain 模块	来源于 Math
Integator 模块	来源于 Continuous
Add 模块	来源于 Math
Step 模块	来源于 Source
Scope 模块	来源于 Sinks
Out1 模块	来源于 Sinks

连接模块如图 7-38 所示。

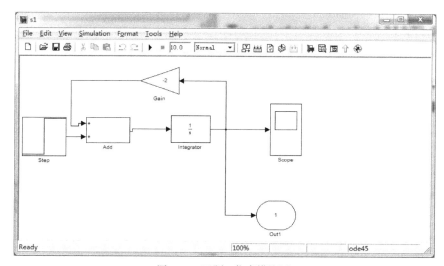

图 7-38　习题 5 仿真模块图

第8章
GUI 编程

【本章概述】

本章内容包含：GUI 介绍、创建 GUI、回调函数的编写、GUI 控件的类型介绍、GUI 菜单和工具栏的设计、GUI 对话框的设计、案例分析。

8.1 GUI 基础

8.1.1 GUI 介绍

GUI（Graphical User Interface，MATLAB 图形用户界面）编程是 MATLAB 编程应用的核心之一,是一种包含多种控件对象的图形窗口,可以支持用户进行交互操作。GUI 控件包含菜单、工具栏、按钮、对话框等多种控件。典型的 GUI 如图 8-1 所示。

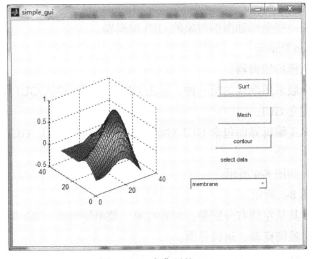

图 8-1　一个典型的 GUI

8.1.2 创建 GUI

（1）在命令窗口输入

```
>> guide
```

（2）单击 MATLAB 工具栏中的按钮 🗗 。

利用（1）和（2）两种方法得到界面如图 8-2 所示。

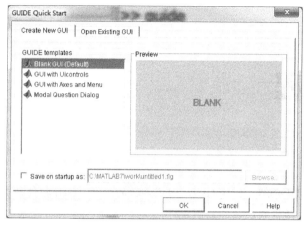

图 8-2　GUIDE 快速启动对话框

从 GUIDE 快速启动对话框，可以建立新的 GUI，也可以打开已存在的 GUI。

要打开当前路径下的 GUI，可以直接在命令窗口输入：

```
>>guide filename
```

创建新的 GUI，在图 8-2 中有四种选择。

（1）Blank GUI

一个空的样板。

（2）GUI with Uicontrols

打开包含一些 Uicontrol 对象的 GUI 编辑器。

（3）GUI with Axes and Menu

打开包含菜单栏和一些坐标轴图形对象的 GUI 编辑器。

（4）Modal Question Dialog

打开一个模态对话框的编辑器。

在四种选择中，一般采用默认的第一种，单击 OK 按钮后，进入 GUI 编辑界面，如图 8-3 所示。在该图中，可以建立 GUI。

由图 8-3 可知，GUI 编辑界面包含 GUI 对象选择区（窗口左边）、GUI 工具栏、GUI 布局区（窗口右边）、状态栏 4 部分。

GUI 对象选择区，如图 8-4 所示。

GUI 工具栏，如图 8-5 所示。

在图 8-5 中，各工具从左到右分别是：对齐对象、菜单编辑器、Tab 顺序编辑器、M 文件编辑器、属性查看器、对象浏览器、运行界面。

在图 8-3 所示的界面中，可以用下面步骤创建 GUI。

（1）创建 GUI 对象。

（2）添加控件。

（3）编写回调函数。

（4）执行 GUI。

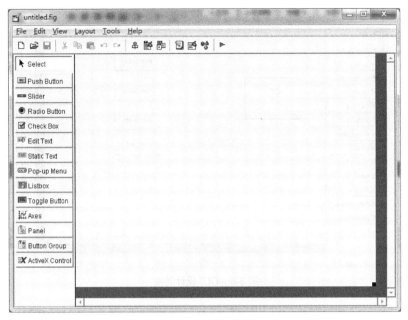

图 8-3　GUI 编辑界面

图 8-4　GUI 控件对象　　　　　　图 8-5　GUI 工具栏

也可以在 M 文件中编写代码实现创建 GUI。

【例 8-1】 创建如图 8-1 所示的 GUI。

启动 GUIDE，得到如图 8-2 所示的界面，选择 Blank GUI，单击 OK 按钮，得到如图 8-3 所示的界面，将三个按钮控件、一个坐标轴对象控件、一个弹出菜单控件、一个静态文本控件放入 GUI 布局窗口中，得到如图 8-6 所示的界面。

在图 8-6 中，利用属性查看器将三个按钮的 string 属性值分别修改为 surf、mesh、contour，将 static text 的 string 属性值修改为 select Data，将弹出菜单的 string 属性值修改为(分三行)Peaks、Membrane、Sinc，得到如图 8-7 所示的界面。

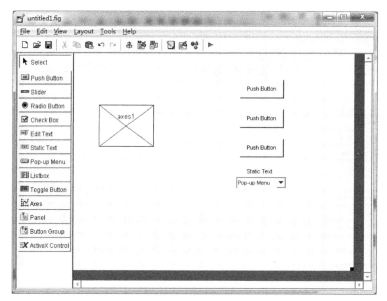

图 8-6　GUI 设计界面

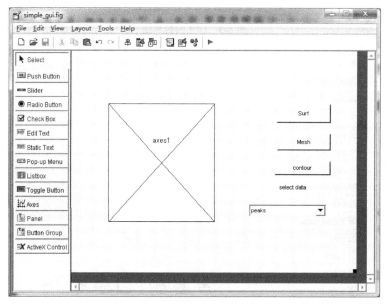

图 8-7　修改 string 属性的 GUI

然后，打开 M 文件，创建如下回调函数，运行该文件，则得到如图 8-1 所示的界面和结果。

```
function varargout = simple_gui(varargin)
% SIMPLE_GUI M-file for simple_gui.fig
%     SIMPLE_GUI, by itself, creates a new SIMPLE_GUI or raises the existing
%     singleton*.
%     H = SIMPLE_GUI returns the handle to a new SIMPLE_GUI or the handle to
%     the existing singleton*.
%     SIMPLE_GUI('CALLBACK',hObject,eventData,handles,...) calls the local
%     function named CALLBACK in SIMPLE_GUI.M with the given input arguments.
%     SIMPLE_GUI('Property','Value',...) creates a new SIMPLE_GUI or raises the
%     existing singleton*.  Starting from the left, property value pairs are
```

```
%      applied to the GUI before simple_gui_OpeningFunction gets called. An
%      unrecognized property name or invalid value makes property application
%      stop. All inputs are passed to simple_gui_OpeningFcn via varargin.
%      *See GUI Options on GUIDE's Tools menu. Choose "GUI allows only one
%      instance to run (singleton)".
% See also: GUIDE, GUIDATA, GUIHANDLES
% Copyright 2002-2003 The MathWorks, Inc.
% Edit the above text to modify the response to help simple_gui
% Last Modified by GUIDE v2.5 28-Apr-2015 21:16:44
% Begin initialization code - DO NOT EDIT
gui_Singleton = 1;
gui_State = struct('gui_Name',        mfilename, ...
                   'gui_Singleton',  gui_Singleton, ...
                   'gui_OpeningFcn', @simple_gui_OpeningFcn, ...
                   'gui_OutputFcn',  @simple_gui_OutputFcn, ...
                   'gui_LayoutFcn',  [] , ...
                   'gui_Callback',   []);
if nargin && ischar(varargin{1})
   gui_State.gui_Callback = str2func(varargin{1});
end


if nargout
   [varargout{1:nargout}] = gui_mainfcn(gui_State, varargin{:});
else
   gui_mainfcn(gui_State, varargin{:});
end
% End initialization code - DO NOT EDIT


% --- Executes just before simple_gui is made visible.
function simple_gui_OpeningFcn(hObject, eventdata, handles, varargin)
% This function has no output args, see OutputFcn.
% hObject    handle to figure
% eventdata  reserved - to be defined in a future version of MATLAB
% handles    structure with handles and user data (see GUIDATA)
% varargin   command line arguments to simple_gui (see VARARGIN)
handles.peaks=peaks(35);
handles.membrane=membrane;
[x,y]=meshgrid(-8:.5:8);
r=sqrt(x.^2+y.^2)+eps;
sinc=sin(r)./r;
handles.sinc=sinc;
handles.current_data=handles.peaks;
surf(handles.current_data)
% Choose default command line output for simple_gui
handles.output = hObject;

% Update handles structure
guidata(hObject, handles);

% UIWAIT makes simple_gui wait for user response (see UIRESUME)
% uiwait(handles.figure1);

% --- Outputs from this function are returned to the command line.
```

```matlab
function varargout = simple_gui_OutputFcn(hObject, eventdata, handles)
% varargout  cell array for returning output args (see VARARGOUT);
% hObject    handle to figure
% eventdata  reserved - to be defined in a future version of MATLAB
% handles    structure with handles and user data (see GUIDATA)

% Get default command line output from handles structure
varargout{1} = handles.output;


% --- Executes on selection change in popupmenu1.
function popupmenu1_Callback(hObject, eventdata, handles)
% hObject    handle to popupmenu1 (see GCBO)
% eventdata  reserved - to be defined in a future version of MATLAB
% handles    structure with handles and user data (see GUIDATA)
val=get(hObject,'Value');
str=get(hObject,'String');
switch str{val};
    case 'peaks'
        handles.current_data=handles.peaks;
      case 'membrane'
        handles.current_data=handles.membrane ;
        case 'sinc'
        handles.current_data=handles.sinc;
end
% Hints: contents = get(hObject,'String') returns popupmenu1 contents as cell array
%          contents{get(hObject,'Value')} returns selected item from popupmenu1
guidata(hObject,handles)


% --- Executes during object creation, after setting all properties.
function popupmenu1_CreateFcn(hObject, eventdata, handles)
% hObject    handle to popupmenu1 (see GCBO)
% eventdata  reserved - to be defined in a future version of MATLAB
% handles    empty - handles not created until after all CreateFcns called

% Hint: popupmenu controls usually have a white background on Windows.
%       See ISPC and COMPUTER.
if ispc
    set(hObject,'BackgroundColor','white');
else
    set(hObject,'BackgroundColor',get(0,'defaultUicontrolBackgroundColor'));
end


% --- Executes on button press in surf.
function surf_Callback(hObject, eventdata, handles)
% hObject    handle to surf (see GCBO)
% eventdata  reserved - to be defined in a future version of MATLAB
% handles    structure with handles and user data (see GUIDATA)
surf(handles.current_data);


% --- Executes on button press in mesh.
function mesh_Callback(hObject, eventdata, handles)
% hObject    handle to mesh (see GCBO)
% eventdata  reserved - to be defined in a future version of MATLAB
% handles    structure with handles and user data (see GUIDATA)
mesh(handles.current_data);
```

```
% --- Executes on button press in contour.
function contour_Callback(hObject, eventdata, handles)
% hObject    handle to contour (see GCBO)
% eventdata  reserved - to be defined in a future version of MATLAB
% handles    structure with handles and user data (see GUIDATA)
contour(handles.current_data);
```

8.1.3　回调函数

回调函数是与 GUI 控件或 GUI 图框相关的函数，可以用来控制 GUI 及其控件对用户事件的响应行为，如用户单击鼠标、移动鼠标、选取菜单时的响应等。

GUI 图框与 GUI 控件根据种类的不同，会带有不同的回调函数，每种回调函数都有响应的触发机制。表 8-1 中为定义了触发机制的回调函数属性。

表 8-1　　　　　　　　　　　　　　　回调函数属性

回 调 属 性	触 发 事 件	回 调 属 性	触 发 事 件
ButtonDownFcn	按下鼠标	offCallback	关闭切换按钮
Callback	控制动作	OnCallback	改变切换按钮
CellEditCallback	编辑表格单元	ResizeFcn	重置大小
CellSelectionCallback	单击表格单元	SelectionChangeFcn	改变单选按钮
ClickedCallback	控制动作	WindowButtonDownFcn	窗口按下鼠标
CloseRequestFcn	关闭窗口	WindowButtonMotionFcn	窗口移动鼠标
CreateFcn	控件初始化	WindowButtonUpFcn	松开鼠标
DeleteFcn	销毁控件	WindowKeyPressFcn	单击鼠标
KeyPressFcn	按下键盘键	WindowKeyReleaseFcn	释放鼠标
KeyReleaseFcn	松开键盘键	WindowScrollWheelFcn	滚轮滚动

8.2　GUI 控件

8.2.1　GUI 控件类型

GUI 控件如图 8-4 所示。现用表 8-2 对它们作进一步说明。

表 8-2　　　　　　　　　　　　　　常用的控件对象及说明

控 件 对 象	功 能 说 明
Push Button	按钮
Slider	滑动框
Radio Button	单选按钮
Check Box	复选按钮
Edit Text	文本编辑框
Static Text	静态文本
Pop-up Menu	弹出式菜单

续表

控 件 对 象	功 能 说 明
Listbox	列表框
Toggle Button	开关按钮：创建切换
Table	创建表格控件
Axes	坐标系对象，显示图形图像
Panel	面板
Button Group	按钮组
ActiveX Control	ActiveX 控件，在 GUI 中显示控件

8.2.2　创建 GUI 控件

1. GUI 方式

创建 GUI 控件在前面的例 8-1 已经介绍过，不再赘述。

2. 命令方式

通过 uicontrol 函数可以创建控件对象，该函数的调用格式如下：

```
Handle=uicontrol('Name',Value,…)
Handle=uicontrol(parent,'Name',Value,…)
Handle=uicontrol
```

其中，Handle 是创建的控件对象的句柄值，parent 是控件所在的上层图形对象的句柄值，Name 是控件的属性名，Value 是与属性名相对应的属性值。

【例 8-2】　使用 uicontrol 命令建立 GUI 控件对象。

在命令窗口中输入：

```
>> figure
>> hax=axes('Units','pixels');
>> surf(peaks)
>> uicontrol('Style','popup','String','jet|hsv|hot|cool|gray',...
'Position',[20 340 100 50],'Callback',@setmap)
```

得到的结果如图 8-8 所示。该图有一个弹出式菜单。

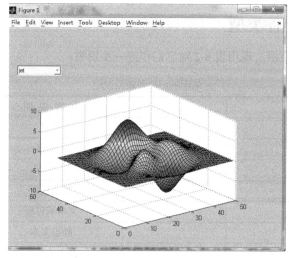

图 8-8　添加弹出式菜单的 GUI

在命令窗口中继续输入：

```
>> uicontrol('Style','pushbutton','String','Clear',...
'Position',[20 20 50 20],'Callback','cla')
```

得到的结果如图 8-9 所示。该图有一个 Clear 按钮。

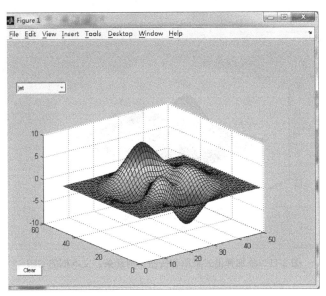

图 8-9　添加弹出式菜单和按钮的 GUI

在命令窗口中继续输入：

```
>> uicontrol('Style','slider','Min',1,'Max',50,'Value',41,...
'Position',[400 20 120 20],'Callback',{@surfzlim,hax})
```

得到的结果如图 8-10 所示。该图有一个滑动条。

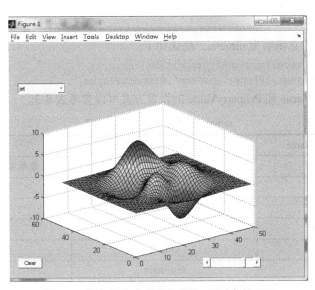

图 8-10　添加弹出式菜单和按钮、滑动条的 GUI

在命令窗口中继续输入：

```
>> uicontrol('Style','text','Position',[400 45 120 20],...
'String','Vertical Exaggeration')
```

得到的结果如图 8-11 所示。该图有一个文本框。

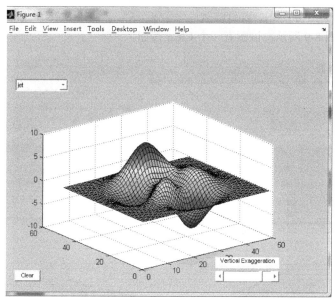

图 8-11　添加弹出式菜单和按钮、滑动条、文本框的 GUI

8.3　GUI 菜单和工具栏

8.3.1　GUI 菜单

1. 菜单和菜单项

菜单和菜单项的建立函数为 uimenu，格式如下:

```
Handle=uimenu('ProperTypeName',PropertyValue,…)
Handle=uimenu(parent,'ProperTypeName',PropertyValue,…)
```

其中，ProperTypeName 和 PropertyValue 的设置方式可以参考表 8-3。

表 8-3　　　　　　　　　　　　　　uimenu 函数的属性名和属性值

属性名 ProperTypeName	属性值 PropertyValue	说　　明
Checked	On,off	菜单项前是否添加复选框
Label	String	菜单标题名称
Separator	On,off	分隔符
Foregroundcolor	ColorSpec	文本颜色
Visible	On,off	菜单可见状态
Accelerator	character	键盘快捷键
Children	Vectorofhandles	子菜单句柄
Enable	Cancel,queueDefault:queue	分隔条
Parent	handle	父对象
Tag	String	对象标识符

续表

属性名 ProperTypeName	属性值 PropertyValue	说　明
Type	String(read-only)	图形对象的类
UserData	matrix	用户指定的数据
Position	scalar	相对的 uimenu 的位置
BusyAction	Cancel,queue	回调函数中断
Callback	string	控制动作
CreatFcn	string	在对象生成中执行回调
DeleteFcn	string	在对象删除中执行回调
Interruptible	On,off	回调函数的中断方式
Handle Visibility	On,callback,off	在命令行或 GUI 中是否可见

【例 8-3】 用命令方式建立菜单。

```
f1=uimenu('Label','演示');
uimenu(f1,'Label','新图','Callback','figure');
uimenu(f1,'Label','存盘','Callback','save');
uimenu(f1,'Label','退出','Callback','exit','Separator','on','Accelerator','Q');
f2=figure('MenuBar','None');
mh=uimenu(f2,'Label','查找');
frh=uimenu(mh,'Label','查找与替换...','Callback','goto');
frh=uimenu(mh,'Label','变量');
uimenu(frh,'Label','Name...','Callback','Variable');
uimenu(frh,'Label','Value...','Callback','Value');
```

得到的结果如图 8-12 所示。

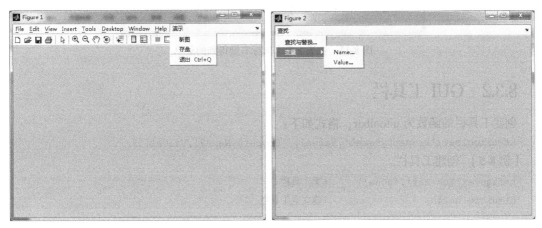

图 8-12　建立的菜单和菜单项

2. 右键菜单

右键菜单的创建函数为 uicontextmenu，格式如下：

```
Handle=uicontextmenu('PropertyName',PropertyValue,…)
```

【例 8-4】 创建右键菜单。

```
hax=axes;
plot(rand(20,3));
%定义右键菜单
```

```
hcmenu=uicontextmenu;
%定义右键菜单回调函数
hcb1=['set(goc,"LineStyle","--")'];
hcb2=['set(goc,"LineStyle",":")'];
hcb3=['set(goc,"LineStyle","-")'];
item1=uimenu(hcmenu,'Label','dashed','Callback',hcb1);
item2=uimenu(hcmenu,'Label','dotted','Callback',hcb2);
item3=uimenu(hcmenu,'Label','solid','Callback',hcb3);
hlines=findall(hax,'Type','line');%查找线对象
%将右键菜单与线对象联系起来
for line=1:length(hlines)
    set(hlines(line),'uicontextmenu',hcmenu)
end
```

得到的结果如图 8-13 所示。

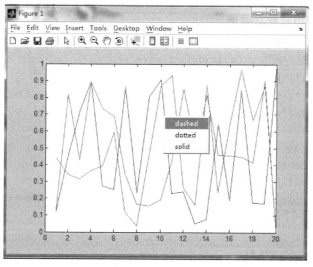

图 8-13　在线上单击鼠标右键得到的菜单

8.3.2　GUI 工具栏

创建工具栏的函数为 uitoolbar，格式如下：

```
ht=uitoolbar('PropertyName1',Value1, 'PropertyName2',Value2,…)
```

【例 8-5】　创建工具栏。

```
h=figure('ToolBar','none')        %无工具栏
ht=uitoolbar(h)                   %建立空工具栏
```

8.4　对　话　框

8.4.1　对话框创建函数

MATLAB 中常用的对话框创建函数如表 8-4 所示。

表 8-4 对话框创建函数

函 数	说 明	函 数	说 明
waitbar	显示等待进度条	helpdlg	帮助对话框
uigetfile	文件打开对话框	errordlg	错误消息对话框
uiputfile	保存文件对话框	msgbox	信息提示对话框
uisetfont	字体设置对话框	questdlg	询问对话框
uisetcolor	颜色设置对话框	warndlg	警告消息显示对话框
pagesetupdlg	页面设置对话框	inputdlg	变量输入对话框
printpreview	打印预览对话框	listdlg	列表选择对话框
printdlg	打印对话框	axlimdlg	生成坐标轴范围设置对话框
dialog	创建对话框或图形用户对象类型的图窗口	menu	菜单类型的选择对话框

8.4.2 对话框建立方法

1. 文件打开对话框

代码设置如下：

```
filename=uigetfile
[FileName,PathName,FilterIndex]=uigetfile(FilterSpec)
[FileName,PathName,FilterIndex]=uigetfile(FilterSpec,DialogTitle)
[FileName,PathName,FilterIndex]=uigetfile(FilterSpec,DialogTitle,DefaultName)
```

得到的效果如图 8-14 所示。

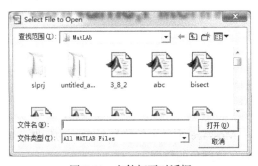

图 8-14 文件打开对话框

2. 文件保存对话框

```
filename=uiputfile
[FileName,PathName]=uiputfile
[FileName,PathName,FilterIndex]=uiputfile(FilterSpec)
[FileName,PathName,FilterIndex]=uiputfile(FilterSpec,DialogTitle)
[FileName,PathName,FilterIndex]=uiputfile(FilterSpec,DialogTitle,DefaultName)
```

得到的效果如图 8-15 所示。

3. 颜色设置对话框

```
c=uisetcolor
c=uisetcolor(['r' 'g' 'b'])
```

4. 字体设置对话框

```
c=uisetfont
```

5. 帮助对话框

```
helpdlg
helpdlg('Message')
```

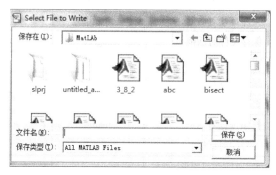

图 8-15　文件保存对话框

显示的结果如图 8-16 所示。

```
helpdlg('Message','DialogTitle')
```

显示的结果如图 8-17 所示。

图 8-16　显示默认帮助对话框和显示给定帮助信息对话框

图 8-17　显示标题和信息帮助对话框

6. 信息提示对话框

调用格式如下：

```
h=msgbox(Message)
h=msgbox(Message,Title)
h=msgbox(Message,Title,Icon)
h=msgbox(Message,Title,'custom',IconData,IconCMap)
```

其中，h 为返回的句柄；Message 为显示的信息；Title 为标题；Icon 为图标；IconData 为定义图标的数据；IconCMap 为存放颜色的数据。

7. 数据输入对话框

调用格式如下：

```
answ=inputdlg(prompt)
answ=inputdlg(prompt,dlg_title)
answ=inputdlg(prompt,dlg_title,num_lines)
answ=inputdlg(prompt,dlg_title,num_lines,defAns)
answ=inputdlg(prompt,dlg_title,num_lines,defAns,options)
```

其中，返回值 answ 存储用户输入的变量值；prompt 为提示文本；title 为对话框标题；num_lines 为可输入的行数；defAns 为默认返回值；options 设置可选项。

例如：

```
prompt={'输入最大尺寸:','输入名字:'};
dlg_title='input';
num_lines=1;
```

```
def={'20','hsv'};
answ=inputdlg(prompt,dlg_title,num_lines,def);
```

显示的结果如图 8-18 所示。

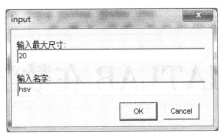

图 8-18　变量输入对话框

习 题

1. 什么是 GUI？

2. 简述启动 GUIDE 建立 GUI 的步骤。

3. 设计一个如图 8-19 所示的界面的 GUI，能实现多种图形的绘制，可以选择线型（包含实线、双划线、虚线、点划线），绘图符号（包含无点型、十字符、空心圆、星号、实心圆、叉符、正方符、菱形符、上三角符、下三角符、左三角符、右三角符、五星符、六星符），绘图颜色（包含黑色、红色、绿色、蓝色、青色、品红色、黄色、白色）等。可以打开或关闭网格线、打开或关闭坐标轴。可以设置 hold on 或取消。可以利用按钮将文本框内容加入到图的标题中，利用按钮关闭图的标题。

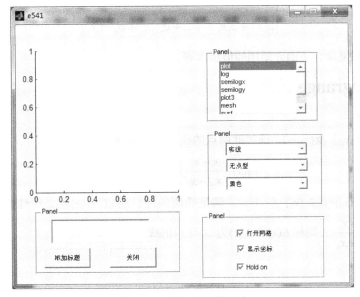

图 8-19　综合 GUI 编程图

第9章

MATLAB 在数学中的应用

9.1 多项式与插值

9.1.1 插值问题与插值多项式

若有函数 $y=f(x)$，给定一个区间 $[a,b]$ 上的 $n+1$ 个点 $x_0,x_1,...,x_n$，且有 $a\leqslant x_0<x_1<...<x_n\leqslant b$，要求用一个简单的便于计算的函数 $p(x)$ 近似代替 $f(x)$，使 $p(x_i)=f(x_i)=y_i$，则 $p(x)$ 就称为 $f(x)$ 的插值多项式。

假设 $p(x)=a_0x^n+a_1x^{n-1}+...+a_{n-1}x+a_n$ 为所求的插值多项式，问题的关键是求出 $a_0,a_1,a_2,...,a_n$，由于有 $p(x_i)=f(x_i)=y_i$，于是可以解一个 $n+1$ 个未知数的线性方程组。

$$\begin{cases} a_0x_0^n + a_1x_0^{n-1} +...+ a_{n-1}x_0 + a_n = y_0 \\ a_0x_0^n + a_1x_1^{n-1} +...+ a_{n-1}x_1 + a_n = y_1 \\ \vdots \\ a_0x_0^n + a_1x_n^{n-1} +...+ a_{n-1}x_n + a_n = y_n \end{cases}$$

但直接求解较复杂，下面介绍用插值法求解。

9.1.2 Lagrange 插值

1. 线性插值

已知两点 (x_0,y_0) 及 (x_1,y_1)，通过此两点的线性插值多项式为

$$L_1(x)=\frac{x-x_1}{x_0-x_1}y_0+\frac{x-x_0}{x_1-x_0}y_1$$

显然 $L_1(x_0)=f(x_0)=y_0,L_1(x_1)=f(x_1)=y_1$，满足插值条件，所以 $L_1(x)$ 就是线性插值。若记 $l_0(x)=\frac{x-x_1}{x_0-x_1}, l_1(x)=\frac{x-x_0}{x_1-x_0}$，则称 $l_0(x)$ 和 $l_1(x)$ 为 x_0 与 x_1 的线性插值基函数。

于是有

$$L_1(x)=l_0(x)y_0+l_1(x)y_1$$

2. 二次插值

当 $n=2$ 时，已知 3 点 (x_0,y_0)，(x_1,y_1)，(x_2,y_2)，有

$$l_0(x) = \frac{(x - x_1)(x - x_2)}{(x_0 - x_1)(x_0 - x_2)}$$

$$l_1(x) = \frac{(x - x_0)(x - x_2)}{(x_1 - x_0)(x_1 - x_2)}$$

$$l_2(x) = \frac{(x - x_1)(x - x_0)}{(x_2 - x_1)(x_2 - x_0)}$$

称为关于点 x_0, x_1, x_2 的二次插值基函数，它满足

$$l_i(x_j) = \begin{cases} 1, j = i \\ 0, j \neq i \end{cases}$$ 于是，得到的二次插值多项式 $L_2(x)$ 可表示为

$$L_2(x) = l_0(x)y_0 + l_1(x)y_1 + l_2(x)y_2$$

3. n 次 Lagrange 插值

已知 $n+1$ 个点 $(x_i, f(x_i))(i = 0, 1, \ldots, n)$ 的插值多项式 $L_n(x)$，应满足的条件为 $L_n(x_i) = f(x_i) = y_i$。

用插值基函数方法可得 n 次 Lagrange 插值多项式为

$$L_n(x) = \sum_{i=0}^{n} l_i(x) f(x_i)$$

其中 $l_i(x) = \dfrac{(x - x_0)\ldots(x - x_{i-1})(x - x_{i+1})\ldots(x - x_n)}{(x_i - x_0)\ldots(x_i - x_{i-1})(x_i - x_{i+1})\ldots(x_i - x_n)}$，称为关于 $x_0, x_1, \ldots, x_n$ 的 n 次插值基

函数，它满足条件

$$l_i(x_j) = \begin{cases} 1, j = i \\ 0, j \neq i \end{cases}$$

【定理 9-1】 n 次 Lagrange 插值多项式 $L_n(x)$ 是存在且唯一的。

证明：假设，n 次 Lagrange 插值多项式 $L_n(x)$ 为 $a_0 x^n + a_1 x^{n-1} + \ldots + a_{n-1}x + a_n$，已知 $n+1$ 个点 $(x_i, f(x_i))(i = 0, 1, \ldots, n)$ 的插值多项式 $L_n(x)$ 应满足的条件为 $L_n(x_i) = f(x_i) = y_i$。将这 $n+1$ 个已知条件带入，则得到一个有 $n+1$ 个方程 $n+1$ 个未知数的线性方程组，由线性代数的知识可知，该方程组有唯一解。故 $L_n(x)$ 是存在且唯一的。

【定理 9-2】设 $f(x) \in C^{n+1}[a,b]$（表示 $f(x)$ 在 $[a,b]$ 上连续且有 $n+1$ 阶导数），且节点 $a \leq x_0 < x_1 < \ldots < x_n$ $\leq b$，则插值多项式 $L_n(x)$ 与 $f(x)$ 的误差 $R_n(x) = f(x) - L_n(x) = \dfrac{f^{(n+1)}(\xi)}{(n+1)!} \omega_{n+1}(x)$，其中，$a < \xi < b$，$\omega_n(x) = (x - x_0)(x - x_1)\ldots(x - x_n)$

证明：由插值条件可知 $R_n(x_i) = 0(i = 0, 1, \ldots n)$，故对任何 $x \in [a,b]$ 有

$$R_n(x) = k(x)(x - x_0)(x - x_1)\ldots(x - x_n) = k(x) \omega_{n+1}(x)$$

其中，$k(x)$ 是依赖 x 的待定函数，将 $x \in [a,b]$ 看做区间 $[a,b]$ 上任一固定点，作函数 $\xi(t) = f(t) - L_n(t) - k(x)(t - x_0)(t - x_1)\ldots(t - x_n)$，显然 $\xi(x_i) = 0$，$(i = 0, 1, \ldots, n)$，且 $\xi(x) = 0$，它表示 $\xi(t)$ 在 $[a,b]$ 上有 $n+2$ 个零点 $x_0, x_1, \ldots, x_n, x$，由 rolle 定理可知 $\xi'(t)$ 在 $[a,b]$ 上至少有 $n+1$ 个零点。反复应用 rolle 定理，可知 $\xi^{n+1}(t)$ 在 $[a,b]$ 上至少有一个零点 $\zeta \in [a,b]$，使

$$\xi^{(n+1)}(\zeta) = f^{(n+1)}(\zeta) - (n+1)!k(x) = 0$$

即 $k(x) = \dfrac{f^{(n+1)}(\zeta)}{(n+1)!}$，得到所需结论。

【**例 9-1**】已知 sin0.32=0.314567，sin0.34=0.333487，sin0.36=0.352274，用线性插值及二次插值计算 sin0.3367 的近似值并估计误差。

解：由题意知 $y=f(x)=\sin(x)$，$x_0=0.32$，$y_0=0.314567$，$x_1=0.34$，$y_1=0.333487$，$x_2=0.36$，$y_2=0.352274$，线性插值为

$$L_1(x) = \frac{x-x_1}{x_0-x_1}y_0 + \frac{x-x_0}{x_1-x_0}y_1$$

$$= (x-0.34)/(0.32-0.34)*y_0 + (x-0.32)/(0.34-0.32)y_1$$

将 $x=0.3367$ 代入，有

$$\text{Sin}0.3367 = L_1(0.3367) = 0.330365$$

误差为

$$R_1(x)| = f''(x)/2*(x-x_0)(x-x_1) \leqslant \sin x_1/2*0.0167*0.0033 \leqslant 0.92 \times 10^{-5}$$

二次插值为

$$L_2(x) = l_0(x)y_0 + l_1(x)y_1 + l_2(x)y_2$$

$$= \frac{(x-x_1)(x-x_2)}{(x_0-x_1)(x_0-x_2)}y_0 + \frac{(x-x_0)(x-x_2)}{(x_1-x_0)(x_1-x_2)}y_1 + \frac{(x-x_1)(x-x_0)}{(x_2-x_1)(x_2-x_0)}y_2$$

将 $x=0.3367$ 代入，有

$$\text{Sin}0.3367 = L_2(0.3367) = 0.330374$$

误差为 $|R_2(x)| = f'''(x)/6*(x-x_0)(x-x_1)(x-x_2) \leqslant 0.204 \times 10^{-6}$

4. n 次 Lagrange 插值算法

自定义函数 lagan.m 如下（c 为插值多项式的系数）：

```
function [c,l]=lagan(x,y)
w=length(x);
n=w-1;
l=zeros(w,w);
for k=1:n+1
    v=1;
    for j=1:n+1
        if k~=j
            v=conv(v,poly(x(j)))/(x(k)-x(j))
        end
    end
    l(k,:)=v
end
c=y*1;
```

MATLAB 命令窗口调用如下（以例 9-1 为例），得到的结果如图 9-1 所示。

从图 9-1 可知，sin0.3367=0.3304。

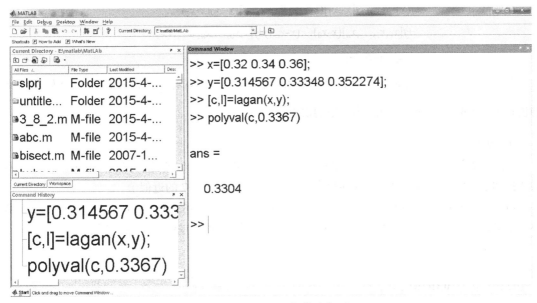

图 9-1　lagrange 插值示范

9.1.3　Newton 插值

1. Newton 插值

利用 Lagrange 插值基函数求 Lagrange 插值多项式时，基函数 $l_i(x)$ 的计算比较复杂，若增加节点数目时，所有基函数要重新计算。于是，可以用另一种便于计算的插值多项式 $N_n(x)$ 来表示：

$$N_n(x)=a_0+a_1(x-x_0)+a_2(x-x_0)(x-x_1)+\ldots+a_n(x-x_0)\ldots(x-x_{n-1})$$

其中，$a_i(i=0,\ldots,n)$ 为待定常数。

所有的 a_i 可以根据插值条件 $N_n(x_i)=f(x_i)=y_i$ 求得。

例如，若 $x=x_0$ 时，$a_0=f(x_0)=y_0$；若 $x=x_1$ 时，$a_1=\dfrac{f(x_1)-f(x_0)}{x_1-x_0}$。

为了求出 $a_2,a_3,\ldots,a_n$，先引进以下定义。

【定义 9-1】　记 $f[x_m]=f(x_m)$ 为 f 的零阶均差，零阶均差的差商记为

$f[x_0,x_m]=\dfrac{f[x_m]-f[x_0]}{x_m-x_0}$，称为函数关于点 x_0,x_m 的一阶均差。一般地，记 $k-1$ 阶均差的差商为

$f[x_0,\ldots,x_{k-1},x_k]=\dfrac{f[x_1,\ldots,x_{k-1},x_k]-f[x_0,x_1,\ldots,x_{k-1}]}{x_k-x_0}$ 称为 f 关于点 $x_0,x_1,\ldots x_{k-1},x_m$ 的 k 阶均差。

根据均差定义，把 x 看成 $[a,b]$ 上的一点，可得

$$f(x)=f(x_0)+f[x,x_0](x-x_0)$$

$$f[x,x_0]=f[x_0,x_1]+f[x,x_0,x_1](x-x_1)$$

$$\ldots$$

$$f[x,x_0,\ldots,x_{n-1}]=f[x_0,x_1,\ldots,x_n]+f[x,x_0,\ldots,x_n](x-x_n)$$

将后一式代入前一式，就会得到

$$f(x)=f(x_0)+f[x_0,x_1](x-x_0)+f[x_0,x_1,x_2](x-x_0)(x-x_1)+\ldots$$

$$+f[x_0,x_1,\ldots,x_n](x-x_0)\ldots(x-x_{n-1})+f[x,x_0,\ldots,x_n]\,\omega_{n+1}(x)$$

$$=N_n(x)+R_n(x)$$

其中，$N_n(x)= f(x_0)+f[x_0,x_1](x-x_0)+f[x_0,x_1,x_2](x-x_0)(x-x_1)+\ldots+f[x_0,x_1,\ldots,x_n](x-x_0)\ldots(x-x_{n-1})$ 为 Newton 插值；$R_n(x)=f[x,x_0,\ldots,x_n]\,\omega_{n+1}(x)$ 为插值的误差。

2. Newton 插值举例

【例 9-2】 已知 sin0.32=0.314567，sin0.33=0.324043，sin0.34=0.333487，sin0.35=0.342898，sin0.36=0.352274，求四次 Newton 插值多项式，并求出 sin0.3367 的近似值。

解：依题意有 $x_0=0.32$，$x_1=0.33$，$x_2=0.34$，$x_3=0.35$，$x_4=0.36$；$f(x_0)=0.314567$，$f(x_1)=0.324043$，$f(x_2)=0.333487$，$f(x_3)=0.342898$，$f(x_4)=0.352274$，于是可得 $f(x)$ 的均差表如表 9-1 所示。

表 9-1 $f(x)$的均差表

0.32	0.314567				
0.33	0.324043	0.947600			
0.34	0.333487	0.944399	−0.160004		
0.35	0.342898	0.941100	−0.164999	−0.166667	
0.36	0.352274	0.937600	−0.175000	−0.333333	−4.166667

于是，可得四次 Newton 插值多项式为

$N_4(x)=0.314567+0.947600(x-x_0) -0.160004(x-x_0)(x-x_1) -0.166667(x-x_0)(x-x_1)(x-x_2) -4.166667(x-x_0)(x-x_1)(x-x_2)(x-x_3)$

将 $x=0.3367$ 代入得到 $N_4(0.3367)=0.330374$。

3. Newton 插值算法实现

自定义函数如下（c 表示多项式系数，d 表示均差表）：

```
function [C,D]=lagan1(x,y)
n=length(x);
D=zeros(n,n);
D(:,1)=y';
for j=2:n
    for k=j:n
        D(k,j)=(D(k,j-1)-D(k-1,j-1))/(x(k)-x(k-j+1));
    end
end
    C=D(n,n);
    for k=(n-1):-1:1
      C=conv(C,poly(x(k)));
      m=length(C);
      C(m)=C(m)+D(k,k);
    end
```

在 MATLAB 命令窗口运行的结果如图 9-2 所示。

从图 9-2 可知，sin0.3367=0.3304。

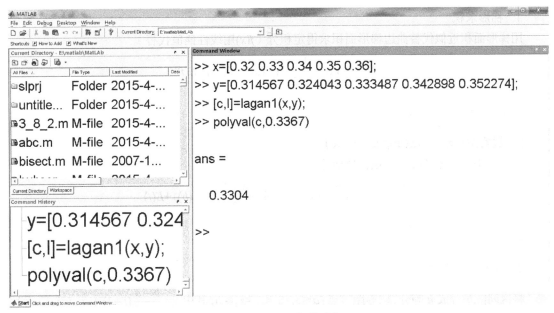

图 9-2　Newton 插值示范

9.2　数值积分与数值微分

9.2.1　数值积分

在工程应用中我们经常会遇到定积分的计算 $\int_a^b f(x)\mathrm{d}x$，设 $F(x)$ 是 $f(x)$ 在 $[a,b]$ 上的原函数，则有

$$\int_a^b f(x)\mathrm{d}x = F(b)-F(a)$$

但是在实际中，常常会遇到如下三个方面的问题。

（1）$f(x)$ 不是连续函数，甚至也不是解析函数，而是一些离散点。

（2）$f(x)$ 的原函数不能用初等函数表示。

（3）$f(x)$ 的原函数很难求得。

所以在应用中，需要构造一种积分方法，既能避免求原函数的计算，又能在误差允许范围内求出积分，这就是数值积分所要解决的问题。

数值积分的基本思想是用被积函数 $f(x)$ 在积分区间 $[a,b]$ 上某些点处的函数值的线性组合来近似代替定积分，即有求积公式

$$\int_a^b f(x)\mathrm{d}x = \sum_{i=0}^n A_i f(x_i) + E(f)$$

其中，$x_i \in [a,b]$ 称为求积节点；A_i 称为求积系数，它与求积节点 x_i 有关，与 $f(x)$ 的具体表达形式无关；$E(f)$ 称为余项（误差）。

1. 梯形求积

用梯形面积近似代替曲边梯形面积求得定积分（$f(x)$用线性插值代替）。

$$\int_a^b f(x)\mathrm{d}x = \frac{b-a}{2}(f(a)+f(b))+E(f)$$

其中，$E(f)=-\frac{1}{12}(b-a)^3 f''$。

2. 抛物型求积（1/3simpson 求积）

$f(x)$用二次插值代替，得到抛物型求积。

$$\int_a^b f(x)\mathrm{d}x = \frac{b-a}{6}\left(f(a)+4f\left(\frac{a+b}{2}\right)+f(b)\right)+E(f)$$

其中，$E(f)=-\frac{(b-a)^5}{2880}f''''$。

3. Newton-Cotes 求积

将区间$[a,b]$分成 n 等分，取等距节点：$a\leq x_0 < x_1 < \ldots < x_n \leq b$，其中 $x_i=\frac{b-a}{n}(i-1)+a$，$i=1,\ldots,n+1$，则 Newton-Cotes 求积公式可表示为

$$I = \int_a^b f(x)\mathrm{d}x = \sum_{i=1}^{n+1} A_i f(x_i) +E(f)$$

其中，$A_i=(-1)^n \frac{h}{(i-1)!(n+1-i)!}\int_0^n t(t-1)\ldots(t-(i-2))(t-i)\ldots(t-n)\mathrm{d}t$，$h=\frac{b-a}{n}$。

当 $n=1,2,3$ 时，Newton-Cotes 求积分别变成了梯形求积，抛物型求积（1/3simpson 求积）和 3/8 simpson 求积。

Newton-Cotes 求积精确度比梯形求积和抛物型求积要高，误差要小，但是求出所有的 A_i 比较麻烦。

4. 复合梯形求积

若将区间$[a,b]$分成 n 等份，对每一个小区间用梯形求积，则得到复合梯形求积。

$$I = \int_a^b f(x)\mathrm{d}x = \frac{h}{2}(f_1+2f_2+\ldots+2f_n+f_{n+1})+E(f)$$

其中，$h=(b-a)/n$；$x_i=a+(i-1)/h$；$f_i=f(x_i)$，$i=1,2,\ldots,n+1$；$E(f)=-\frac{b-a}{12}h^2 f''$。

5. 复合抛物型求积

若将区间$[a,b]$分成 n 等分（n 为偶数），对每两个小区间用抛物型求积，则得到复合抛物型求积（复合 1/3simpson 求积）。

$$I = \int_a^b f(x)\mathrm{d}x = \frac{h}{3}(f_1+4f_2+2f_3+4f_4+\ldots+2f_{n-1}+4f_n+f_{n+1})+E(f)$$

其中，$h=(b-a)/n$，分 $f_i=f(a+(i-1)*h)$，$E(f)=-(b-a)\frac{h^4}{180}f''''$。

6. 求积方法举例

【例9-3】 分别用梯形求积、1/3simpson 求积、$n=6$ 的复合梯形求积、$n=6$ 的复合 1/3simpson

求积求定积分 $\int_0^1 (x^2 + 2x + 1)\mathrm{d}x$ ，并与真值比较。

解：由高等数学知识得 $\int_0^1 (x^2 + 2x + 1)\mathrm{d}x = 1/3+1+1=2.3333$。

用梯形求积得 $\int_0^1 (x^2 + 2x + 1)\mathrm{d}x = (1-0)/2(1+4)=2.5$。

用 1/3simpson 求积得 $\int_0^1 (x^2 + 2x + 1)\mathrm{d}x = 1/6(1+9+4)=2.3333$。

用 n=6 的复合梯形求积得

$$\int_0^1 (x^2 + 2x + 1)\mathrm{d}x = 1/12(f_1+2f_2+2f_3+2f_4+2f_5+2f_6+f_7)$$

$$= 1/12(1+49/18+64/18+9/2+50/9+121/18+4)=2.3380$$

用 n=6 的复合 1/3simpson 求积得

$$\int_0^1 (x^2 + 2x + 1)\mathrm{d}x = 1/18(f_1+4f_2+2f_3+4f_4+2f_5+4f_6+f_7)$$

$$= 1/18(1+49/9+64/18+9+50/9+121/9+4)=2.3333$$

7．求积 MATLAB 算法实现

用算法求出例 9-3 的结果。

自定义函数 fff.m 如下：

```
function z=fff(x)
z=x.^2+2*x+1;
```

复合梯形求积函数如下：

```
function I=fhtx(a,b,n)
h=(b-a)/n;
I=0;
for i=1:n+1
x(i)=a+(i-1)*h;
I=I+2*fff(x(i));
end
I=I-fff(x(1))-fff(x(n+1));
I=h*I/2;
```

在命令窗口中调用如下：

```
I=fhtx(0,1,6)
```

则得到结果 I=2.3380。

若用 I=fhtx(0,1,1)，则得到结果 I=2.5 相当于梯形求积。

若要对其他函数求定积分，只要将函数 fff 的内容改掉即可；若要变换区间，将函数调用中第
1、2 个参数改掉即可。

复合 1/3simpson 求积函数如下：

```
function I=fhsimpson(a,b,n)
h=(b-a)/n;
I=0;
for i=1:n+1
x(i)=a+(i-1)*h;
if i==1,I=I+fff(x(i));
elseif i==n+1,I=I+fff(x(i));
```

```
elseif mod(i,2)==0,I=I+4*fff(x(i));
else I=I+2*fff(x(i));
end
end
I=h*I/3;
```

在命令窗口中调用如下：

```
I=fhsimpson(0,1,6)
```

则得到结果 I=2.3333。

若用 I=fhsimpson(0,1,2)，则得到结果 I=2.3333，相当于 1/3simpson 求积。

9.2.2 数值微分

将 $f(x)$ 在 x_0 处进行 Taylor 展开，得

$$f(x)=f(x_0)+(x-x_0)f'(x_0)+\frac{(x-x_0)^2}{2!}f''(x_0)+...+\frac{(x-x_0)^n}{n!}f^{(n)}(x_0)+...$$

若令 $h=x_{k+1}-x_k$，$f_k=f(x_k)$，则导数定义为

$$f'(x_k)=\lim_{h\to 0}\frac{f(x_k+h)-f(x_k)}{h}$$

则得到两点公式的数值微分 $f_k'=\frac{f_{k+1}-f_k}{h}+O(h)$。

上面的 $O(h)$ 来源于 $\frac{f(x_{k+1})-f(x_k)}{h}=f'(x_k)+\frac{h}{2!}f''(x_k)+...$ 的 $\frac{h}{2!}f''(x_k)$。

若希望提高精度，可设法消除这一项

$$\frac{f(x_{k-1})-f(x_k)}{-h}=f'(x_k)+\frac{-h}{2!}+...+\frac{(-h)^{n-1}}{n!}f^{(n)}(x_k)+...$$

将上面的两个式子相加，则得到三点的数值微分 $f_k'=\frac{f_{k+1}-f_{k-1}}{2h}+O(h^2)$

若希望进一步提高精度，则可得到五点的数值微分

$$f_k'=\frac{1}{12h}(f_{k-2}-8f_{k-1}+8f_{k+1}-f_{k+2})+O(h^4)$$

同理，对于二阶导数，也可以用三点公式和五点公式。

三点公式：$f_k''=\frac{f_{k+1}-2f_k+f_{k-1}}{h^2}+O(h^2)$

五点公式：$f_k''=\frac{1}{12h^2}(-f_{k-2}+16f_{k-1}-30f_k+16f_{k+1}-f_{k+2})+O(h^4)$

9.3 非线性方程的求根

9.3.1 概述

数学物理中的很多问题经常归结为解方程

$$f(x)=0$$

如果有 x^* 使得 $f(x^*)=0$，则称 x^* 为方程 $f(x)=0$ 的根或函数 $f(x)$ 的零点，如果函数 $f(x)$ 能写成如下形式：

$$f(x)=(x-x^*)^m g(x)$$

其中，$g(x^*)\neq0$，m 为正整数，当 $m=1$ 时，称 x^* 为 $f(x)=0$ 的单根或 $f(x)$ 的单零点；当 $m\geq2$ 时，称 x^* 为 $f(x)=0$ 的 m 重根或 $f(x)$ 的 m 重零点。如果 $f(x)$ 为超越函数，则称 $f(x)=0$ 为超越方程；如果 $f(x)$ 为 n 次多项式，则称 $f(x)=0$ 为 n 次代数方程。

一般来说，对于次数较高的代数方程，它的根不能用方程系数的解析式表示。而对于一般的超越方程更没有求根的公式可套。因此，研究非线性方程的数值解法非常有必要。

非线性方程的求根通常分为两个步骤：一是对根的搜索，分析方程存在多少个根，找出每个根所在的区间；二是根的精确化，求得根的足够精确的近似值。

1. 根的搜索

（1）图解法

例如，方程 $3x-\cos x-1=0$，等价于 $3x-1=\cos x$，在同一坐标系中画出 $y=3x-1$ 和 $y=\cos x$ 的图。由图可知两曲线交点的横坐标即为方程的根 $x^*\in[1/3,1]$。

（2）近似方程法

例如方程 $3x-\cos x+0.01\sin x-1=0$ 的根，接近于方程 $3x-\cos x-1=0$ 的根。

（3）解析法

根据函数的连续性、介值定理以及单调性等去寻找有根区间和有唯一根的区间。

（4）定步长搜索法

在某一区间上以适当的步长 h，去考察函数值 $f(x_i)(x_i=x_0+ih,i=0,1,2,\ldots)$ 的符号，当 $f(x)$ 连续且 $f(x_{i-1})\cdot f(x_i)<0$ 时，则区间 $[x_{i-1},x_i]$ 为有根区间，又若在此区间内 $f'(x)$ 不变号，则在此区间有唯一根。

2. 二分法

（1）二分法的思想

二分法是以连续函数的介值定理为基础。考虑方程 $f(x)=0$。设函数 $f(x)\in C[a,b]$ 且 $f(a)f(b)<0$，则方程在 $[a,b]$ 内至少存在一个根。

二分法的基本思想是：用对分区间的方法根据分点处函数 $f(x)$ 的符号逐步将有根区间缩小，使在足够小的区间内，方程有且仅有一根。

为方便起见，记 $a_0=a,b_0=b$。用中点 $x_0=(a_0+b_0)/2$ 将区间 $[a_0,b_0]$ 分成 2 个小区间 $[a_0,x_0]$ 和 $[x_0,b_0]$。计算 $f(x_0)$。若 $f(x_0)=0$，则 x_0 为 $f(x)=0$ 的根，计算结束；否则若 $f(a_0)f(x_0)<0$，令 $a_1=a_0,b_1=x_0$；若 $f(b_0)f(x_0)<0$，令 $a_1=x_0,b_1=b_0$，不管哪种情况，都有 $f(a_1)f(b_1)<0$。于是新的有根区间为 $[a_1,b_1]$，这样不断进行下去，可以得到区间 $[a_2,b_2]$，$[a_3,b_3]$，$\ldots$，$[a_n,b_n]$，其中每一个区间的长度都是前一个区间长度的一半，最后一个区间的长度为 $b_n-a_n=\dfrac{1}{2}(b_{n-1}-a_{n-1})=\dfrac{1}{2^2}(b_{n-2}-a_{n-2})=\ldots=\dfrac{1}{2^n}(b-a)$，如果取最后一个区间的中点 $x_n=(a_n+b_n)/2$ 作为 $f(x)=0$ 根的近似值，则误差估计为

$$|x^*-x_n|\leq(b_n-a_n)/2\leq\frac{1}{2^{n+1}}(b-a)$$

（2）二分法的算法实现

```
function [c,err,yc]=bisect(f,a,b,delta)
ya=feval(f,a);
yb=feval(f,b);
```

```
if ya*yb>0,break,end
max1=-1+round((log(b-a)-log(delta))/log(2));
for k=1:max1
    c=(a+b)/2;
    yc=feval(f,c);
    if yc==0
        a=c;
        b=c;
    elseif yb*yc>0
        b=c;
        yb=yc;
    else
        a=c;
        ya=yc;
    end
    if b-a<delta,break,end
end
c=(a+b)/2;
err=abs(b-a);
yc=feval(f,c);
```

【例 9-4】 求 $f(x)=x^3-x-1=0$ 在[1, 1.5]内的根，要求精确度达到 10^{-4}。

可以先定义函数 f 如下：

```
function y=f(x)
y=x^3-x-1;
```

再调用函数[i,j,k]=bisect('f',1,1.5,1e-4)，得到结果如下：

```
I=1.3248,j=2.4414*10⁻⁴,k=4.7404*10⁻⁴
```

i 为求得的根，j 为最后一个区间的长度，k 为所求点的函数值（接近 0）。

9.3.2 简单迭代法

1. 迭代公式的构造

若方程 $f(x)=0$ 在区间[a,b]内有 1 个根 x^*。可以将方程 $f(x)=0$ 改写成等价的形式 $x=\varphi(x)$，取 $x_0\in[a,b]$，利用递推公式 $x_{k+1}=\varphi(x_k)$可以求得序列 $x_1,x_2,\ldots,x_n$。如果迭代方法是收敛的，则 x_n 就是所求的根。

【例 9-5】 用迭代法求 $f(x)=x^3-x-1=0$ 在 $x_0=1.5$]附近的根。

解：若将方程改为 $x=x^3-1$，构造迭代公式

$$x_{k+1}=x_k^3-1,k=0,1,\ldots$$

由 $x_0=1.5$，通过迭代公式可得 $x_1=2.375$，$x_2=12.39$，…，可知 x_k 显然不收敛。

若将方程改为 $x=(x+1)^{1/3}$,构造迭代公式

$$X_{k+1}=(x_k+1)^{1/3},k=0,1,\ldots$$

由 $x_0=1.5$ ， 通 过 迭 代 公 式 可 得 $x_1=1.35721,x_2=1.33086,x_3=1.32588,x_4=1.32494,x_5=1.32476,x_6=1.32473,x_7=1.32472,x_8=1.32472$ 可见方程的根为 $x^*=1.32472$。

2. 迭代公式的收敛性

【定理 9-3】 设 $\varphi\in C[a,b]$，如果对 $\forall x\in[a,b]$有 $a\leqslant\varphi(x)\leqslant b$，且存在常数 $L\in(0,1)$使$|\varphi(x)-\varphi(y)|\leqslant L|x-y|,\forall x,y\in[a,b]$，则 φ 在区间[a,b]上存在唯一点 x^*，使生成的迭代序列$\{x_k\}$ 对任何 $x_0\in[a,b]$收敛于 x^*，并有误差估计 $|x_k-x^*|\leqslant\dfrac{L^k}{1-L}|x_1-x_0|$。

证明：先证明 $x*$ 的存在性，记 $f(x)=x-\varphi(x)$，由定理有 $f(a)=a-\varphi(a)\leqslant0$ 及 $f(b)=b-\varphi(b)\geqslant0$，若有一等号成立，则 $f(a)=0$ 或 $f(b)=0$，即 $x*$ 存在。再证明唯一性，设 $x_1^*,x_2^*\in C[a,b]$ 都是 φ 的不动点，且不相等，则由定理得

$|x_1^*-x_2^*|=|\varphi(x_1^*)-\varphi(x_2^*)|\leqslant L|x_1^*-x_2^*|<|x_1^*-x_2^*|$，与假设矛盾，所以 $x_1^*=x_2^*$，即不动点 $x*$ 是唯一的。

下面证明收敛性。

$$|x_k-x^*|=|\varphi(x_{k-1})-\varphi(x^*)|\leqslant L|x_{k-1}-x^*|\leqslant...\leqslant L^k|x_0-x^*|$$

因为 $0<L<1$，故 $\lim\limits_{k\to\infty}|x_k-x^*|=0$，即 $\lim\limits_{k\to\infty}x_k=x^*$，利用定理有

$$|x_{k+p}-x_k|=|x_{k+p}-x_{k+p-1}+x_{k+p-1}-x_{k+p-1}+...+x_{k+1}-x_k|$$
$$\leqslant|x_{k+p}-x_{k+p-1}|+|x_{k+p-1}-x_{k+p-2}|+...+|x_{k+1}-x_k|$$
$$\leqslant(L^{p-1}+L^{p-2}+...+L+1)|x_{k+1}-x_k|$$
$$=\frac{1-L^p}{1-L}|x_{k+1}-x_k|<\frac{L^k}{1-L}|x_1-x_0|$$

【推论】　若 $\varphi\in C^1[a,b]$（表示 φ 在 $[a,b]$ 上的一阶导数连续），则定理 9-3 中的条件可以改为 $\max\limits_{0\leqslant x\leqslant b}|\varphi'(x)|\leqslant L<1$，则定理 9-3 中的结论成立。

【例 9-6】　构造不同的迭代公式求 $x^2-3=0$ 的根 $x*=\sqrt{3}$。

解：（1）$x_{k+1}=\dfrac{3}{x_k}$ $(k=0,1,...)$，$\varphi(x)=\dfrac{3}{x}$，$\varphi'(x)=-\dfrac{3}{x^2}$，$\varphi'(x^*)=-1$，不满足收敛条件。

（2）$x_{k+1}=x_k-\dfrac{1}{4}(x_k^2-3)$ $(k=0,1,...)$，$\varphi(x)=x-\dfrac{1}{4}(x^2-3)$，$\varphi'(x)=1-\dfrac{1}{2}x$，$\varphi'(x^*)=\varphi'(\sqrt{3})=1-\dfrac{\sqrt{3}}{2}<1$，迭代收敛。

（3）$x_{k+1}=\dfrac{1}{2}(x_k+\dfrac{3}{x_k})$ $(k=0,1,...)$，$\varphi(x)=\dfrac{1}{2}(x+\dfrac{3}{x})$，$\varphi'(x)=\dfrac{1}{2}(1-\dfrac{3}{x^2})$，$\varphi'(x^*)=\varphi'(\sqrt{3})=0<1$，迭代收敛。

3. 迭代法的算法实现

以例 9-6 为例来说明。

（1）的 m 文件如下：

```
function y1=g1(x,n)
for i=1:n
    z=3/x;
    x=z;
end
y1=x
```

在 MATLAB 命令窗口中的调用为

```
X=2
Y1=g1(x,8)
```

则得到的结果为 2，1.5，2，1.5，2，1.5，2，1.5，不收敛。

（2）的 m 文件如下：

```
function y2=g2(x,n)
for i=1:n
    z=x-1/4*(x^2-3);
```

```
        x=z
    end
    y2=x
```

在 MATLAB 命令窗口中的调用为

```
X=2
Y2=g2(x,8)
```

则得到的结果为 2，1.75，1.7344，1.7324，1.7321，1.7321，1.7321，1. 7321，收敛。得到的根为 1.7321。

（3）的 m 文件如下：

```
function y3=g3(x,n)
for i=1:n
    z=1/2*(x+3/x);
    x=z
end
y3=x
```

在 MATLAB 命令窗口中的调用为

```
X=2
Y3=g3(x,8)
```

则得到的结果为 2，1.75，1.7321，1.7321，1.7321，1.7321，1.7321，收敛。得到的根为 1.7321。

9.3.3　Newton 法

1．Newton 法概述

要求方程 $f(x)=0$ 的根 x^*，如果已知它的一个近似值 x_k，利用 Taylor 展开式求出 $f(x)$ 在 x_k 附近的线性近似，即有

$$f(x) = f(x_k) + f^{'}(x_k)(x - x_k) + \frac{f^{'}(\zeta)}{2!}(x - x_k)^2$$

忽略余项后，可以得到近似公式

$$f(x) \approx f(x_k) + f'(x_k)(x - x_k) = 0$$

解出方程，得到

$$x = x_k - \frac{f(x_k)}{f^{'}(x_k)}$$

记为 x_k+1，于是得到 Newton 法迭代公式

$$x_{k+1} = x_k - \frac{f(x_k)}{f^{'}(x_k)}$$

2．Newton 法的算法实现

```
function p1=newton(f,df,p0,epsilon,max1)
%f 表示函数 f(x)，df 表示函数 f'(x)，p0 表示迭代的初值，epsilon 表示迭代达到的精度
%max 表示迭代的最大次数
for k=1:max1
    p1=p0-feval(f,p0)/feval(df,p0)
    p0=p1;
    y=feval(f,p0);
    if(abs(y)<epsilon),break,end
end
```

例如，求 $f(x)=x^3-x-1=0$ 在 1.5 附近的根，可以先定义函数 $f(x)$ 和 $f'(x)$ 如下：

```
function y=f(x)
y=x^3-x-1;

function y=df(x)
y=3*x^2-1;
```

然后在 MATLAB 命令窗口中用下面命令调用

```
z=newton('f','df',1.5,1e-5,100)
```

则得到的结果 $z=1.3247$ 为 $f(x)$ 的一个根。

9.4　线性方程组的求解

9.4.1　解线性方程组的直接法

1. Gauss 消去法

（1）Gauss 消去法原理

若有如下的线性代数方程组（假设对角线中的元素不为 0），可以通过逐步消元的方法，将方程组化为三角矩阵的同解方程组，然后再用回代法解此三角方程组得到原方程组的解。

$$\begin{cases} a_{11}x_1+a_{12}x_2+...+a_{1n}x_n=b_1 \\ a_{21}x_1+a_{22}x_2+...+a_{2n}x_n=b_2 \\ \vdots \\ a_{n1}x_1+a_{n2}x_2+...+a_{nn}x_n=b_n \end{cases}$$

将上面的线性代数方程组通过消元可以得到如下的下三角形方程组或上三角形方程组。

$$\begin{cases} a_{11}x_1=b_1 \\ a_{21}x_1+a_{22}x_2=b_2 \\ \vdots \\ a_{n1}x_1+a_{n2}x_2+...+a_{nn}x_n=b_n \end{cases}$$

$$\begin{cases} a_{11}x_1+a_{12}x_2+...a_{1n}x_n=b_1 \\ a_{22}x_2+....+a_{2n}x_n=b_2 \\ \vdots \\ a_{nn}x_n=b_n \end{cases}$$

对于下三角形方程组，求解公式为

$$\begin{cases} x_1=b_1/a_{11} \\ x_k=(b_k-a_{k1}x_1-a_{k2}x_2-...-a_{k,k-1}x_{k-1})/a_{kk} \end{cases}$$

其中，$k=2,3,...,n$。

对于上三角形方程组，求解公式为

$$\begin{cases} x_n = b_n / a_{nn} \\ x_k = (b_k - a_{k,k+1}x_{k+1} - ... - a_{kn}x_n) / a_{kk} \end{cases}$$

其中，$k=n-1, n-2, ..., 1$。

以后，Gauss 消去法若不特别声明，则均指消元成上三角形矩阵形式。

（2）Gauss 消去法算法实现

```
function x=gauss(a,b,n)
%a 为系数矩阵，b 为常量项，n 为方程的数目，相当于线性方程 AX=b
for k=1:n
  b(k)=b(k)/a(k,k);
   for j=n:-1:k
       a(k,j)=a(k,j)/a(k,k);
   end
     for i=k+1:n
     b(i)=b(i)-a(i,k)*b(k);
     for j=n:-1:k
         a(i,j)=a(i,j)-a(i,k)*a(k,j);
     end
     end

   end
   x(n)=b(n);
   for k=n-1:-1:1
   t=0;
   for j=k+1:n
       t=t+a(k,j)*x(j);
   end
   x(k)=b(k)-t;
   end
```

例如，对于下面的方程组

$$\begin{cases} 2x_1 + 3x_2 + 4x_3 = 6 \\ 3x_1 + 5x_2 + 2x_3 = 5 \\ 4x_1 + 3x_2 + 30x_3 = 32 \end{cases}$$

在 MATLAB 命令窗口中用下面命令调用

```
a=[2 3 4;3 5 2;4 3 30]
b=[6;5;32]
n=3
x=gauss(a,b,n)
```

最后得到结果

```
x=[-13 8 2]
```

2. 列主元 Gauss 消去法

（1）列主元 Gauss 消去法原理

Gauss 消去法要求系数矩阵对角线中元素不为 0，但是，在消元的过程中，对角线中元素有可能变为 0，此时 Gauss 消去法就无法完成求解了，于是可以考虑列主元 Gauss 消去法。

列主元 Gauss 消去法的原理是：若对对角线第 i 个元素消元，先在第 i 列中找到最大值，并记下该最大值所在行号，然后拿这行与第 i 行交换，最后用 Gauss 消去法消元。对每一行都重复上面的步骤。

　　具体方法可以将系数矩阵 a 与常量项 b 组成一个增广矩阵，然后消元成一个上三角形矩阵，再回代求出方程的根。

　　例如，给定如下方程组

$$\begin{cases} 2x_1 + 3x_3 = 1 \\ 4x_1 + 2x_2 + 5x_3 = 4 \\ x_1 + 2x_2 - x_3 = 7 \end{cases}$$

求解过程如下。

$$\begin{bmatrix} 2 & 0 & 3 & 1 \\ 4 & 2 & 5 & 4 \\ 1 & 2 & -1 & 7 \end{bmatrix} \longrightarrow \begin{bmatrix} 4 & 2 & 5 & 4 \\ 2 & 0 & 3 & 1 \\ 1 & 2 & -1 & 7 \end{bmatrix} \longrightarrow \begin{bmatrix} 1 & 0.5 & 1.25 & 1 \\ 0 & -1 & 0.5 & -1 \\ 0 & 1.5 & -2.25 & 6 \end{bmatrix}$$

$$\begin{bmatrix} 1 & 0.5 & 1.25 & 1 \\ 0 & 1.5 & -2.25 & 6 \\ 0 & -1 & 0.5 & -1 \end{bmatrix} \longrightarrow \begin{bmatrix} 1 & 0.5 & 1.25 & 1 \\ 0 & 1 & -1.5 & 4 \\ 0 & 0 & 1 & -3 \end{bmatrix}$$

于是可得到方程组的解

$$X_3 = -3$$
$$X_2 = 4 + 1.5x_3 = 4 - 4.5 = -0.5$$
$$X_1 = 1 - 1.25x_3 - 0.5x_2 = 5$$

（2）列主元 Gauss 消去法算法实现

```
function x=colgauss(a,b,n)
for k=1:n
  row=k;max=a(k,k);
  for i=k+1:n
   if a(i,k)>max
      max=a(i,k);
      row=i;
   end
  end
 temp=a(k,:);a(k,:)=a(row,:);a(row,:)=temp;
 t=b(k);b(k)=b(row);b(row)=t;
   b(k)=b(k)/a(k,k);
   for j=n:-1:k
      a(k,j)=a(k,j)/a(k,k);
   end
      for i=k+1:n
      b(i)=b(i)-a(i,k)*b(k);
      for j=n:-1:k
         a(i,j)=a(i,j)-a(i,k)*a(k,j);
      end
   end
end
   x(n)=b(n);
   for k=n-1:-1:1
    t=0;
```

```
    for j=k+1:n
        t=t+a(k,j)*x(j);
    end
    x(k)=b(k)-t;
end
```

例如，对于下面的方程组

$$\begin{cases} 2x_1 + 3x_3 = 1 \\ 4x_1 + 2x_2 + 5x_3 = 4 \\ x_1 + 2x_2 - x_3 = 7 \end{cases}$$

在 MATLAB 命令窗口中调用函数，得到的结果如图 9-3 所示。

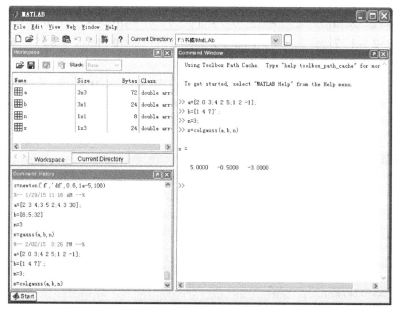

图 9-3 列主元 guass 消去法求解

3. 无回代过程的列主元 Gauss 消去法

若在消元的过程中，将系数矩阵消元成一个单位矩阵，则方程组的解可以直接得到。

$$\begin{cases} x_1 + Ox_2 + Ox_3 + ... + Ox_n = b_1 \\ Ox_1 + x_2 + Ox_3 + ... + Ox_n = b_2 \\ ...... \\ Ox_1 + Ox_2 + ... + x_n = b_n \end{cases} \quad \begin{cases} x_1 = b_1 \\ x_2 = b_2 \\ ...... \\ x_n = b_n \end{cases}$$

算法描述如下。

```
function x=c84(a,b,n)
for k=1:n
   row=k;max=a(k,k);
   for i=k+1:n
    if a(i,k)>max
       max=a(i,k);
       row=i;
    end
```

```
end
temp=a(k,:);a(k,:)=a(row,:);a(row,:)=temp;
t=b(k);b(k)=b(row);b(row)=t;
    b(k)=b(k)/a(k,k);
    for j=n:-1:k
        a(k,j)=a(k,j)/a(k,k);
    end
        for i=k+1:n
        b(i)=b(i)-a(i,k)*b(k);
        for j=n:-1:k
            a(i,j)=a(i,j)-a(i,k)*a(k,j);
        end
    end
end
    for i=n:-1:2
        for k=i-1:-1:1
            b(k)=b(k)-a(k,i)*b(i);
            a(k,i)=0;
        end
    end
    x=b;     x'
```

例如，对于下面的方程组

$$\begin{cases} 2x_1 + 3x_3 = 1 \\ 4x_1 + 2x_2 + 5x_3 = 4 \\ x_1 + 2x_2 - x_3 = 7 \end{cases}$$

在 MATLAB 命令窗口中调用函数，得到的结果如图 9-4 所示。

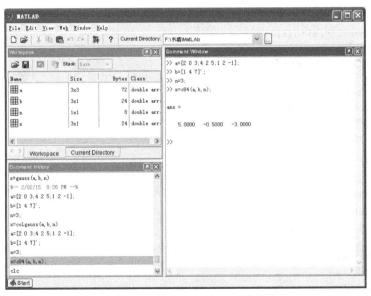

图 9-4　无回代的列主元 Gauss 消去法

4. LU 分解

（1）LU 分解原理

若将系数矩阵 A 分解成单位下三角矩阵 L 和上三角矩阵 U，解方程组 $Ax=b$，可变成 $LUx=b$，这时，可以分解成解方程组 $Ly=b$ 和 $Ux=y$。

可利用如下公式求出 L 和 U 矩阵。

$$u_{1i} = a_{1i}, l_{i1} = \frac{a_{i1}}{u_{11}}, i = 1, 2, ..., n$$

$$u_{ri} = a_{ri} - \sum_{k=1}^{r-1} l_{rk} u_{ki}, r = 2, 3, ..., n, i = r, r+1, ..., n$$

$$l_{ir} = (a_{ir} - \sum_{k=1}^{r-1} l_{ik} u_{kr}) / u_{rr}, r = 2, 3, ..., n, i = r, r+1, ..., n$$

再利用 $Ly=b$ 求出 y。

$$y_k = b_k - \sum_{r=1}^{k-1} l_{kr} y_r, k = 1, 2, ..., n$$

最后利用 $Ux=y$ 求出 x。

$$x_k = \frac{1}{u_{kk}} (y_k - \sum_{r=k+1}^{n} u_{kr} x_r), k = n, n-1, ..., 1$$

LU 分解也称杜利特尔(Doolitte)分解。

（2）LU 分解的算法实现

```
function [x]=LU1(a,b,n)
for i=1:n
u(1,i)=a(1,i);
l(i,1)=a(i,1)/u(1,1);
end
for r=2:n
    for i=r:n
        s=0;
        for k=1:r-1
            s=s+l(r,k)*u(k,i);
        end
        u(r,i)=a(r,i)-s;
        s=0;
        for k=1:r-1
            s=s+l(i,k)*u(k,r);
        end
        l(i,r)=(a(i,r)-s)/u(r,r);
    end
end
for k=1:n
    s=0;
    for r=1:k-1
        s=s+l(k,r)*y(r);
    end
    y(k)=b(k)-s;
end
for k=n:-1:1
    s=0;
    for r=k+1:n
        s=s+u(k,r)*x(r);
    end
    x(k)=(y(k)-s)/u(k,k);
end
```

```
y=y';
x=x'
a;
```

9.4.2　解线性方程组的迭代法

1. Jacobi 迭代法

设有 n 阶线性代数方程组

$$\begin{cases} a_{11}x_1 + a_{12}x_2 + ... + a_{1n}x_n = b_1 \\ a_{21}x_1 + a_{22}x_2 + ... + a_{2n}x_n = b_2 \\ ... \\ a_{n1}x_1 + a_{n2}x_2 + ... + a_{nn}x_n = b_n \end{cases}$$

若系数矩阵非奇异，且 $a_{ii} \neq 0$ ($i=1,2,...,n$)，上面方程组可改成

$$\begin{cases} x_1 = \dfrac{1}{a_{11}}(b_1 - a_{12}x_{12} - ... - a_{1n}x_n) \\ x_2 = \dfrac{1}{a_{22}}(b_2 - a_{21}x_1 - a_{23}x_3 - ... - a_{2n}x_n) \\ ... \\ x_n = \dfrac{1}{a_{nn}}(b_n - a_{n1}x_1 - a_{n2}x_2 - ... - a_{nn-1}x_{n-1}) \end{cases}$$

于是可以得到迭代公式

$$\begin{cases} x_1^{(k+1)} = \dfrac{1}{a_{11}}(b_1 - a_{12}x_2^{(k)} - ... - a_{1n}x_n^{(k)}) \\ x_2^{(k+1)} = \dfrac{1}{a_{22}}(b_2 - a_{21}x_1^{(k)} - a_{23}x_3^{(k)} - ... - a_{2n}x_n^{(k)}) \\ ... \\ x_n^{(k+1)} = \dfrac{1}{a_{nn}}(b_n - a_{n1}x_1^{(k)} - a_{n2}x_2^{(k)} - ... - a_{nn-1}x_{n-1}^{(k)}) \end{cases}$$

写成向量形式为

$$X^{(k+1)} = BX^{(k)} + F$$

其中，$B = I - D^{-1}A, F = D^{-1}b$，$D$ 为矩阵 A 的对角线元素所组成的对角矩阵，该迭代称为 Jacobi 迭代。

算法描述如下。

```
function z=jacobi(a,b,n,m,x)
%a 为系数矩阵，b 为常量项，n 为方程的数目，m 为最大的迭代次数，x 为迭代的初始值
for k=1:m
    for i=1:n
        s=0;
        for j=1:n
            if j~=i,s=s+a(i,j)*x(j);end
        end
        y(i)=(b(i)-s)/a(i,i);
```

```
    end
    x=y;end
z=x
```

例如，给定如下方程组

$$\begin{cases} 10x_1 - x_2 - 2x_3 = 72 \\ -x_1 + 10x_2 - 2x_3 = 83 \\ -x_1 - x_2 + 5x_3 = 42 \end{cases}$$

在 MATLAB 命令窗口中调用函数，得到的结果如图 9-5 所示。

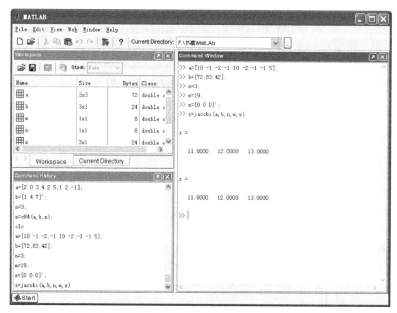

图 9-5　Jacobi 迭代

从图 9-5 可知，得到方程组的解为 $X = (11, 12, 13)^T$。

2. Gauss-Seidel 迭代

在 Jacobi 迭代中，如果迭代是收敛的，$x_i^{(k+1)}$ 应该比 $x_i^{(k)}$ 更接近于原方程的解 x_i^*（$i=1,2,\dots,n$），因此，在迭代过程中及时地用已经求出的 $x_i^{(k+1)}$ 来代替 $x_i^{(k)}$ (i=1,2,…,n-1)可使迭代的效果更佳。

于是可以将 Jacobi 迭代改成如下形式：

$$\begin{cases} x_1^{(k+1)} = \dfrac{1}{a_{11}}(b_1 - a_{12}x_2^{(k)} - \dots - a_{1n}x_n^{(k)}) \\ x_2^{(k+1)} = \dfrac{1}{a_{22}}(b_2 - a_{21}x_1^{(k+1)} - a_{23}x_3^{(k)} - \dots - a_{2n}x_n^{(k)}) \\ \dots \\ x_n^{(k+1)} = \dfrac{1}{a_{nn}}(b_n - a_{n1}x_1^{(k+1)} - a_{n2}x_2^{(k+1)} - \dots - a_{n,n-1}x_{n-1}^{(k+1)}) \end{cases}$$

该迭代称为 Gauss-Seidel 迭代，可以简写为

$$x_i^{(k+1)} = \frac{1}{a_{ii}}(b_i - \sum_{j=1}^{i-1} a_{ij}x_j^{(k+1)} - \sum_{j=i+1}^{n} a_{ij}x_j^{(k)}), i = 1,2,\dots,n$$

前面介绍的 Jacobi 迭代写成矩阵形式为 $x^{(k+1)}=Bx^{(k)}+F$，Gauss-Seidel 迭代也可以写成矩阵形式

$$x^{(k+1)}=(I-L)^{-1}Ux^{(k)}+(I-L)^{-1}F$$

其中 $B=L+U$，L 为下三角矩阵，U 是上三角矩阵。

Gauss-Seidel 迭代算法描述如下。

```
function z=G_S(a,b,n,m,x)
% a 为系数矩阵，b 为常量项，n 为方程的数目，m 为最多的迭代次数，x 为迭代的初值
for k=1:m
    for i=1:n
        s=0;
        for j=1:i-1
            s=s+a(i,j)*y(j);end
        s1=0;
        for j=i+1:n
            s1=s1+a(i,j)*x(j);end
        y(i)=(b(i)-s-s1)/a(i,i);
    end
    x=y;
end
z=x
```

例如，对于下面的方程组

$$\begin{cases} 10x_1 - x_2 - 2x_3 = 72 \\ -x_1 + 10x_2 - 2x_3 = 83 \\ -x_1 - x_2 + 5x_3 = 42 \end{cases}$$

在 MATLAB 命令窗口中调用函数，得到的结果如图 9-6 所示。

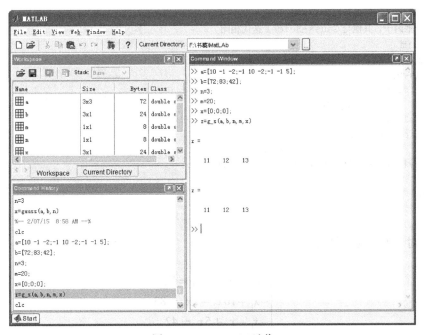

图 9-6　Gauss-Seidel 迭代

由图 9-6 可知，得到方程组的解为 $X=(11,12,13)^T$。

3. 逐次超松弛迭代

在 Gauss-Seidel 迭代中，将

$$x_i^{(k+1)} = \frac{1}{a_{ii}}(b_i - \sum_{j=1}^{i-1} a_{ij}x_j^{(k+1)} - \sum_{j=i+1}^{n} a_{ij}x_j^{(k)}), i=1,2,...,n$$

写成

$$\overset{\sim}{x_i}^{(k+1)} = \frac{1}{a_{ii}}(b_i - \sum_{j=1}^{i-1} a_{ij}x_j^{(k+1)} - \sum_{j=i+1}^{n} a_{ij}x_j^{(k)}), i=1,2,...,n$$

将迭代进行加速 $x_i^{(k+1)} = (1-\omega)x_i^{(k)} + \omega \overset{\sim}{x_i}^{(k+1)}$ （ $i=1,2,...,n$ ）

得到

$$x_i^{(k+1)} = (1-\omega)x_i^{(k)} + \frac{\omega}{a_{ii}}(b_i - \sum_{j=1}^{i-1} a_{ij}x_j^{(k+1)} - \sum_{j=i+1}^{n} a_{ij}x_j^{(k)}), i=1,2,...,n$$

上面的迭代称为逐次超松弛迭代法，其中系数 ω （ $0<\omega<2$ ）称为松弛因子。逐次超松弛迭代法写成矩阵形式为

$$X^{(k+1)} = B\omega x^{(k)} + F\omega$$

其中 $B\omega = (I-\omega L)^{-1}((1-\omega)I + \omega U)$ ， $F\omega = \omega(I-\omega L)^{-1}b$ 。若 $\omega=1$ ，该迭代就变成了 Gauss-Seidel 迭代。

逐次超松弛迭代法算法描述如下。

```
function z=sor(a,b,n,m,x,w)
% w 为松弛因子，其他与 Gauss-Seidel 迭代相同
for k=1:m
    for i=1:n
        s=0;
        for j=1:i-1
            s=s+a(i,j)*y(j);end
        s1=0;
        for j=i+1:n
            s1=s1+a(i,j)*x(j);end
        y(i)=(1-w)*x(i)+w*(b(i)-s-s1)/a(i,i);
    end
    x=y;
end
z=x
```

例如，对于下面的方程组

$$\begin{cases} 10x_1 - x_2 - 2x_3 = 72 \\ -x_1 + 10x_2 - 2x_3 = 83 \\ -x_1 - x_2 + 5x_3 = 42 \end{cases}$$

给定松弛因子 $\omega=1.45$ ，在 MATLAB 命令窗口中调用函数，得到的结果如图 9-7 所示。由图 9-7 可知，得到方程组的解为 $X=(11,12,13)^T$ 。

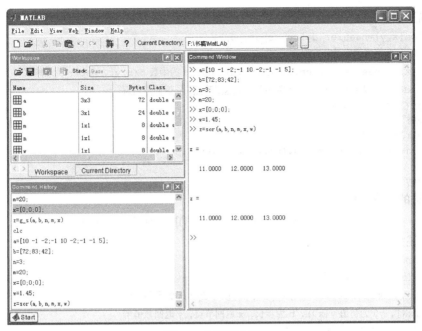

图 9-7　超松驰迭代

9.5　常微分方程的数值解

求常微分方程的数值解有单步法和多步法之分，这里仅介绍单步法。

1. 一阶常微分问题

一个常微分方程的原型可以描述为：

$$\frac{\mathrm{d}y}{\mathrm{d}x} = y' = f(x, y)，且 y(x_0) = y_0（已知）$$

为了能求出常微分方程在各离散点的数值解，可以用差商近似代替初值问题的导数

$$y'(x_0) = f(x_0, y_0) \approx \frac{y(x_1) - y(x_0)}{x_1 - x_0}$$

令 $h = x_1 - x_0$，则有

$$y(x_1) = y(x_0) + hf(x_0, y_0)$$

再利用 y_1 及 $f(x_1, y_1)$ 可得

$$y(x_2) = y(x_1) + hf(x_1, y_1)$$

一般地，有

$$y(x_{n+1}) = y(x_n) + hf(x_n, y_n), \quad n = 0, 1, \dots, N-1, \quad h = x_{n+1} - x_n$$

可以记 $y(x_{n+1}) = y_{n+1}$，则有

$$y_{n+1} = y_n + hf(x_n, y_n)$$

2. Euler 方法

刚才讨论的公式就是 Euler 方法：

$$y_{n+1} = y_n + hf(x_n, y_n), \quad n = 0, 1, 2, \dots, N-1$$

算法描述如下。

```
function[x,y]=naeuler(dyfun,xspan,y0,h)
%用途：Euler 格式解常微分方程
%格式：[x,y]=naeuler(dyfun,xspan,y0,h)  dyfun 为函数 f(x,y)，xspan 为求解区
%间[x0,xN]，y0 为初值 y(x0)，h 为步长，x 返回节点，y 返回数值解
x=xspan(1):h:xspan(2);
y(1)=y0;
for n=1:length(x)-1
    y(n+1)=y(n)+h*feval(dyfun,x(n),y(n));
end
x=x';y=y';
```

3. 改进的 Euler 方法

$$y_{n+1}=y_n+h/2[f(x_n,y_n)+f(x_{n+1},y_{n+1})]，\quad n=0,1,2,\ldots,N-1$$

算法描述如下。

```
function[x,y]=naeuler2(dyfun,xspan,y0,h)
%用途：改进 Euler 格式解常微分方程
%格式：[x,y]=naeuler2(dyfun,xspan,y0,h)  dyfun 为函数 f(x,y)，xspan 为求解区
%间[x0,xN]，y0 为初值 y(x0)，h 为步长，x 返回节点，y 返回数值解
x=xspan(1):h:xspan(2);
y(1)=y0;
for n=1:length(x)-1
    k1=feval(dyfun,x(n),y(n));
    y(n+1)=y(n)+h*k1;
    k2=feval(dyfun, x(n+1),y(n+1));
    y(n+1)=y(n)+h*(k1+k2)/2;
end
x=x';y=y';
```

4. 隐式 Euler 公式

$$y_{n+1}=y_n+h f(x_{n+1},y_{n+1})，\quad n=0,1,2,\ldots,N-1$$

算法描述如下。

```
function[x,y]=naeulerb(dyfun,xspan,y0,h)
%用途：隐式 Euler 格式解常微分方程
%格式：[x,y]=naeulerb(dyfun,xspan,y0,h)  dyfun 为函数 f(x,y)，xspan 为求解区
%间[x0,xN]，y0 为初值 y(x0)，h 为步长，x 返回节点，y 返回数值解
x=xspan(1):h:xspan(2);
y(1)=y0;
for n=1:length(x)-1
    y(n+1)=iter(dyfun,x(n+1),y(n),h);
end
x=x';y=y';
function y=iter(dyfun,x,y,h)
y0=y;e=1e-4;K=1e+4;
y=y+h*feval(dyfun,x,y);
y1=y+2*e;k=1;
while abs(y-y1)>e
    y1=y;
    y=y0+ h*feval(dyfun,x,y);
    k=k+1; if  k>K,error('迭代发散');end
end
```

5. 变形 Euler 公式

$$y_{n+1}=y_n+h\,f(x_n+h/2,y_n+h/2f(x_n,y_n)),\quad n=0,1,2,\ldots,N-1$$

算法描述如下。

```
function[x,y]=naeuler1(dyfun,xspan,y0,h)
x=xspan(1):h:xspan(2);
y(1)=y0;
for n=1:length(x)-1
    k1=feval(dyfun,x(n),y(n));
    k2=feval(dyfun,x(n)+h/2,y(n)+h/2*k1);
    y(n+1)=y(n)+h*k2;
end
x=x';y=y';
```

6. Heun 公式

$$y_{n+1}=y_n+h/4[\,f(x_n,y_n)+3f(x_n+2/3h,y_n+2/3hf(x_n,y_n))],\quad n=0,1,2,\ldots,N-1$$

算法描述如下。

```
function[x,y]=naeuler3(dyfun,xspan,y0,h)
x=xspan(1):h:xspan(2);
y(1)=y0;
for n=1:length(x)-1
    k=feval(dyfun,x(n),y(n));
    kk=feval(dyfun,x(n)+2*h/3,y(n)+2*h/3*k);
    y(n+1)=y(n)+h/4*(k+3*kk);
end
x=x';y=y';
```

7. 经典四阶 Runge-Kutta 公式

$$K_1=f(x_n,y_n)$$

$$K_2=f(x_n+\frac{1}{2}h,y_n+\frac{1}{2}hk_1)$$

$$K_3=f(x_n+\frac{1}{2}h,y_n+\frac{1}{2}hk_2)$$

$$K_4=f(x_n+h,y_n+hk_3)$$

$$y_{n+1}=y_n+\frac{1}{2}(k_1+2k_2+2k_3+k_4)$$

算法描述如下。

```
unction[x,y]=naeuler4(dyfun,xspan,y0,h)
x=xspan(1):h:xspan(2);
y(1)=y0;
for n=1:length(x)-1
    k1=feval(dyfun,x(n),y(n));
    k2=feval(dyfun,x(n)+h/2,y(n)+h/2*k1);
    k3=feval(dyfun,x(n)+h/2,y(n)+h/2*k2);
    k4=feval(dyfun,x(n)+h,y(n)+h*k3);
    y(n+1)=y(n)+h/6*(k1+2*k2+2*k3+k4);
end
x=x';y=y';
```

例如，求下列常微分方程

$$\begin{cases} y' = y - \dfrac{2x}{y} \\ y(0) = 1 \end{cases}$$

在[0，1]中的数值解（取 h=0.2）。要求用 Euler 方法、改进的 Euler 方法、隐式 Euler 方法、变形的 Euler 方法、Heun 方法、经典四阶 Runge-Kutta 方法等方法求解，并与真解进行比较。

解：由题意知，x=0:0.2:1，即 x_0=0，x_1=0.2，x_2=0.4，x_3=0.6，x_4=0.8，x_5=1.0，而 y_0=1，该微分方程的真解为 $y = \sqrt{2x+1}$。用 Euler 方法、改进的 Euler 方法、隐式 Euler 方法、变形的 Euler 方法、Heun 方法、经典四阶 Runge-Kutta 方法等方法求解的结果分别记为 $y1, y2, y3, y4, y5, y6$，而真解记为 y。在 MATLAB 命令窗口中调用函数，得到的结果如图 9-8 所示。

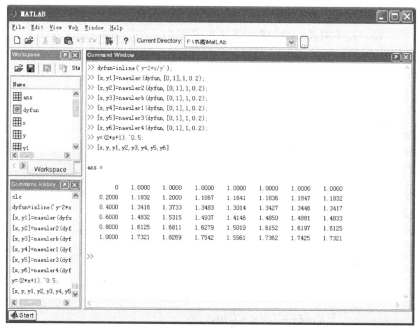

图 9-8　几种求解常微分方程的方法比较

习　　题

1. 当 $x = -1,1,2$ 时，$f(x) = -3,0,4$，求 $f(x)$ 的二次插值多项式。

2. 求不大于 3 次的插值多项式，此多项式在 x=1,3,6,7 处的函数值与 $f(x)$=x^2 相同。

3. 已知 $f(x)$ 在 x=0,0.2,0.3,0.5 处的函数值分别为 0,0.20134,0.30452,0.52110，试求出三次 Newton 插值多项式，并计算 $f(0.23)$ 的近似值。

4. 已知 $f(x)$ 在 x=1,3,4,6,7,9 时，函数值为 9,7,6,4,3,1，试求各阶差商，并写出 Newton 插值多项式。

5. 用梯形求积和 simpson 求积求 $\int_1^9 \sqrt{x}\mathrm{d}x$ 的近似值，并与真值比较。

6. 用复合梯形(n=8)求积和复合 simpson(n=4)求积求 $\int_1^9 \sqrt{x}\mathrm{d}x$ 的近似值，并与真值比较。

7. 用复合梯形求积计算 $\int_0^{\pi/2} \sin x \mathrm{d}x$ ，分别取 n=2,4,8,25,100，进行上机验证，并与真值比较。

8. 用三点公式计算 $f(x) = \dfrac{1}{(x+1)^2}$ 在 x=1.0,1.1,1.2 处的导数值。已知函数值 f(1.0)=0.250000, f(1.1)=0.226757, f(1.2)=0.206612。

9. 用 Newton 迭代法求 $\sqrt{3}$ 的近似值，准确到 10^{-4}。

（1）取 $f(x)=x^2-3=0$

（2）取 $f(x) = 1 - \dfrac{3}{x^2} = 0$

10. 用二分法求方程 $x^2-x-1=0$ 的正根，使误差小于 0.05。

11. 用迭代法求方程 $x^3-x^2-1=0$ 在 $x_0=1.5$ 附近的一个根，构造迭代公式，并比较不同的迭代公式所得到的结果。

12. 用 Newton 法求方程 $x^4-5.4x^3+10.56x^2-8.954x+2.7951=0$ 在 1.0 和 2.0 附近的根。

13. 用 Gauss 消去法解方程组 $\boldsymbol{Ax}=\boldsymbol{b}$，其中

$$A = \begin{bmatrix} 2 & 1 & 0 & 0 & 0 \\ 1 & 4 & 1 & 0 & 0 \\ 0 & 1 & 4 & 1 & 0 \\ 0 & 0 & 1 & 4 & 1 \\ 0 & 0 & 0 & 1 & 2 \end{bmatrix} \qquad b = \begin{bmatrix} 1 \\ -2 \\ 2 \\ -2 \\ 1 \end{bmatrix}$$

14. 用列主元 Gauss 消去法求下列方程组的解。

$$\begin{bmatrix} 1 & \dfrac{1}{2} & \dfrac{1}{3} & \dfrac{1}{4} \\ \dfrac{1}{2} & \dfrac{1}{3} & \dfrac{1}{4} & \dfrac{1}{5} \\ \dfrac{1}{3} & \dfrac{1}{4} & \dfrac{1}{5} & \dfrac{1}{6} \\ \dfrac{1}{4} & \dfrac{1}{5} & \dfrac{1}{6} & \dfrac{1}{7} \end{bmatrix} \begin{bmatrix} x_1 \\ x_2 \\ x_3 \\ x_4 \end{bmatrix} = \begin{bmatrix} 1 \\ 0 \\ 0 \\ 0 \end{bmatrix}$$

15. 用列主元 Gauss 消去法求下列方程组的解。

$$\begin{bmatrix} 2 & 1 & 3 & 1 \\ 4 & 2 & 7 & -1 \\ 6 & 4 & 0 & 2 \\ -2 & 4 & 5 & 2 \end{bmatrix} \begin{bmatrix} x_1 \\ x_2 \\ x_3 \\ x_4 \end{bmatrix} = \begin{bmatrix} 6 \\ 10 \\ 6 \\ -5 \end{bmatrix}$$

16. 用 Gauss 消去法解方程组 $\boldsymbol{Ax}=\boldsymbol{b}$，其中

$$A = \begin{bmatrix} 4 & 3 & 2 & 1 \\ 3 & 4 & 3 & 2 \\ 2 & 3 & 4 & 3 \\ 1 & 2 & 3 & 4 \end{bmatrix} \qquad b = \begin{bmatrix} 1 \\ 1 \\ -1 \\ -1 \end{bmatrix}$$

17. 用 LU 分解法解方程组 $\boldsymbol{Ax=b}$，其中

$$A = \begin{bmatrix} 4 & -3 & 1 \\ -1 & 2 & -2 \\ 2 & 1 & -1 \end{bmatrix} \qquad \boldsymbol{b} = \begin{bmatrix} 5 \\ -3 \\ 1 \end{bmatrix}$$

18. 试分别用 Jacobi 迭代和 Gauss-seidel 迭代解下列方程组。

$$\begin{bmatrix} 20 & 2 & 3 \\ 1 & 8 & 1 \\ 2 & -2 & 15 \end{bmatrix} \begin{bmatrix} x_1 \\ x_2 \\ x_3 \end{bmatrix} = \begin{bmatrix} 24 \\ 12 \\ 30 \end{bmatrix}$$

19. 对初值问题

$$\begin{cases} y' = \dfrac{1}{1+x^2} - 2y^2, 0 \leqslant x \leqslant 1 \\ y(0) = 0 \end{cases}$$

试用 Euler 法取步长 h=0.1 和 h=0.2 计算其近似值，并用 MATLAB 实现求解。

20. 对初值问题

$$\begin{cases} y' = y + x + 1, 0 \leqslant x \leqslant 1 \\ y(0) = 1 \end{cases}$$

试用变形的 Euler 法、heun 方法取步长 h=0.1 计算其近似值，并用 MATLAB 实现求解。

21. 对初值问题

$$\begin{cases} y' = \dfrac{1}{x}(y^2 + y), 1 \leqslant x \leqslant 3 \\ y(1) = 2 \end{cases}$$

取步长 h=0.5，用经典四阶 Runge-Kutta 方法求解。

第 **10** 章

Mathematica 基础及其应用

【本章概述】

Mathematica 是美国 Wolfram Research 公司开发的符号计算系统，1988 年它的 1.0 版本发布，因系统精致的结构和强大的计算能力而广为流传。Mathematica 作为一款强大的计算工具，能够支持任意精度的数值计算、符号运算及可视化功能。它在技术上的领先使得它可以给广大用户提供一个可靠、易用的计算工具。用户既可以直接使用 Mathematica 进行计算，也可以用它来强化其他软件的功能，甚至也可以将其集成到其他应用程序中。本章将介绍 Mathematica 9.0 的使用和操作。

本章内容包括 Mathematica 基础，数值计算，常量，变量和表达式，符号数学，函数作图。

10.1　Mathematica 基础

10.1.1　Mathematica 介绍

Mathematica 是模块化系统，其执行运算的内核（Kernel）与处理用户交互的前端（FrontEnd）是互相分离的。Mathematica 前端是称作笔记本的交互文档，笔记本把具有文字、图形、面板和其他材料的输入和输出放在一起，用户使用笔记本既可以进行运算，也可以作为表达或发布自己结果的工具。

10.1.2　Mathematica 的使用和操作

从开始菜单运行 Mathematica 有两种运行界面，选择 Wolfram Mathematica 9 Kernel 进入文本界面，如图 10-1 所示。选择 Wolfram Mathematica 9 进入笔记本界面，如图 10-2 所示。

笔记本界面是最常用的方式。选择如图 10-2 所示的笔记本界面后，通过创建交互式的文件与 Mathematica 交互，初始文件名为 "未命名-1.nb"，用户可以选择 "文件|保存" 来重新命名。在笔记本中输入命令，然后按下【shift+Enter】组合键使 Mathematica 处理输入的命令。处理输入后，Mathematica 将用 "In[n]:=" 标记输入，并用 "Out[n]=" 标记对应的运算结果。"In[n]:=" 和 "Out[n]=" 是系统自动添加的，并不需要输入，其中 n 为自动编号，也可以在输入结束时直接单击鼠标右键选择计算单元来代替组合键【Shift+Enter】。如图 10-3 所示演示了基本的输入/输出操作，这种方式也称为对话方式或交互方式。

图 10-1　Mathematica 9 文本界面

图 10-2　Mathematica 9 笔记本界面。

图 10-3　基本输入/输出举例

10.1.3 Mathematica 的输入

Mathematica 同时提供了两种格式的数学表达式输入：形如"x^2+y^2"的称为一维输入法；形如"x²+y²"的称为二维输入法。

一维法在以下各节中会分别进行介绍，这里仅介绍二维输入法。通过选择菜单"面板|数学助手"，将弹出如图 10-4 所示的模版窗口，从中选择相应的格式进行输入，对于一些特殊字符如希腊字符等，可以通过菜单"面板|特殊字符"，将弹出如图 10-5 所示的特殊字符窗口进行选择。

二维输入完成后，同样按【shift+Enter】组合键确认输入内容。

图 10-4 数学模版

图 10-5 特殊字符

10.2 数 值 计 算

10.2.1 算术运算

用 Mathematica 进行算术运算，如同在电子计算器上一样，直接在交互方式下输入计算公式即可。基本的算术运算符号有：加（＋）、减（－）、乘（＊或空格）、除（／）、乘方（＾），可以在算术表达式中使用圆括号。

值得注意的是乘法的表示，如 2*x，也可以表示为 2 x 或 2x。而 xy，直接写表示一个变量，x*y 或 x y 则表示两变量的乘积。

可以直接输入算术表达式，计算并得到结果。

```
In[1]:=2^100
Out[1]= 1267650600228229401496703205376
```

可以在行尾输入"//N"来输出近似结果，但 N 必须是大写。

```
In[2]:=2^100//N
Out[2]= 1.26765×10^30
```

通常，Mathematica 对无精确值的结果，将以有理数的形式给出。

```
In[3]:=1/3+2/7
Out[3]= 13/21
```

而如果输入中任一个数中包含小数点或在行尾输入"//N"，且无精确值时，则输出近似结果。

```
In[4]:=1/3.0+2/7
Out[4]= 0.619048
In[5]:=1/3+2/7//N
Out[5]= 0.619048
```

精确值和精确形式是两个不同的概念，例如 1/3 是精确形式，而不是精确值，它无法求精确值，只有近似值。

在 Mathematica 中，基本的数值类型有 4 种：整数、有理数、实数和复数，每种类型可以表示任意长度和任意精度的数据。有理数包含精确形式和精确值，而实数可表示为近似值。

用户可以指定计算精度，通过 N[expr,n]来指定表达式 expr 的计算精度为 n 位有效数字。

```
In[6]:= N[Sqrt[7],40]
Out[6]= 2.645751311064590590501615753639260425710
```

Mathematica 中，输入时用大写 I 表示复数单位，在输出时 $\sqrt{-1}$ 用形式 i 表示，但输入中小写 i 不能代表 $\sqrt{-1}$。

10.2.2 函数运算

Mathematica 包含大量的数学函数，表 10-1 中列出了一些常用的函数，但要注意函数的第一个字母必须是大写字母，这将有别于用户创建函数。

表 10-1　　　　　　　　　　　　　　　　常用数学函数

函　　数	说　　明	函　　数	说　　明
Sqrt[x]	x 的平方根	n!	n 的阶乘
Exp[x]	指数函数	Abs[x]	x 的绝对值或复数模
Log[x]	自然对数	Round[x]	距 x 最近的整数
Log[b,x]	以 b 为底的对数	Mod[n,m]	n/m 的余数
Sin[x],Cos[x]	三角函数	Random[]	0~1 之间的随机数
Arcsin[x],Arccos[x]	反三角函数	Max[x,y,…] Min[x,y,…]	x,y,…的最大值 x,y,…的最小值
Re[z],Im[z]	复数的实部和虚部	Conjugate[z]	z 的共轭复数
Arg[z]	z 的初相	Factorinteger[n]	n 的素数因子

例如，调用标准函数的形式如下：

```
In[7]:=Sqrt[2]//N
Out[7]= 1.4142135623730951
In[8]:=Log[2,8]
Out[8]=3
In[9]:=Mod[8,3]
Out[9]=2
In[10]:= Sin[ /2]//N
Out[10]=1.
In[11]:=Re[1+2I]
Out[11]=1
In[12]:=Abs[1+2I
Out[12]= √5
In[13]:=Random[]
Out[13]= 0.639714
```

10.3 常量、变量和表达式

10.3.1 使用前面的结果

在计算中，经常要使用前面已得到的结果。在 Mathematica 中，使用"%"代表前面的最后一个结果，其使用形式如下：

%	前面的最后一个结果
%%	前面的倒数第二个结果
%%%......%(k个)	
	前面的倒数第 k 个结果
%n	第 n 个输出行(out[n]) 的结果

10.3.2 常量和变量

常量是在表达式中不会改变的量，系统定义了一些专用的符号常量，如 Pi、E、I、Infinity 分别表示 π、e、$\sqrt{-1}$、∞ 等，因此在定义变量时不要使用这些符号。

变量是在表达式中值可以改变的量，变量必须用变量名来标识，变量名的命名规则与 MATLAB 基本相同，以字母开头，由字母、数字构成，并区分字母的大小写。

变量的赋值由"="实现，可以单个赋值，也可以多个赋值。例如，x=9 表示将 9 的值给 x，a=b=12 表示将 12 的值给 b，再将 b 的值给 a。{i,j,k,l}={1,3,5,7}表示将 1 的值给 i，将 3 的值给 j，将 5 的值给 k，将 7 的值给 l。

变量一旦不再使用，应及时清除，否则将影响后面的计算结果，清除方法如下：

```
X=.  清除 x 的值但保留变量
Clear[x]   清除 x 的值但保留变量
Remove[x]   清除变量 x
Clear["Global'*"]   清除所有变量
```

10.3.3 对象与对象列表

计算时，通常需要将对象放在一起作为单个实体来进行处理。列表是 Mathematica 产生对象集合的一种方法，是 Mathematica 中非常重要和普遍使用的结构。例如，列表{3，5，1}是三个对象的集合，但在许多情况下，可以把它作为单一对象来处理，可以一次对整个列表进行运算，或把整个列表赋为某个变量的值。

例如：

```
In[1]:={3,5,1}
Out[1]={3,5,1}
In[2]:={3,5,1}^2+1
Out[2]={10,26,2}
In[3]:=Sin[%]//N
Out[3]={-0.544021,0.762558,0.909297}
In[4]:=v={5,6.5,4.3}
Out[4]={5,6.5,4.3}
In[5]:=v/(v-1)
Out[5]={5/4,1.18182,1.30303}
```

列表元素可以单独使用，通过列表索引的方式来获取单个元素，其方法为在列表后加[[n]]，表示取出列表的第 n 个元素。例如：

```
In[6]:=v[[2]]
Out[6]=6.5
In[7]:=v[[2]]=0
Out[7]=0
In[8]:=v
Out[8]={5,0,4.3}
```

10.3.4 表达式

表达式是由常量、变量、列表、函数和运算符组合而成的式子，在式子中可以使用括号{}、[]、（）、[[]]。这 4 种括号的用途各不相同，不能相互替代。{}表示列表，[[]]表示列表元素，[]表示函数参数，（）表示表达式中的组合。

在输入表达式时，如果以分号（；）作为结束符，则不显示结果，否则显示运算结果。

10.3.5 符号运算

Mathematica 最重要的特征之一是它不仅能进行数值计算，还能进行符号运算，这意味着它能像处理数一样处理公式。例如：

```
In[1]:=5x+8x^2-x+1
Out[1]=1+4x+8x²
```

在输出结果中，符号运算将按照升幂排列的方式合并同类项，并用数学表达式而不是文本表达式来展开。另外，对于一个符号表达式，可以调用函数 Expand 和 Factor 来分别做幂级展开和因式分解。例如：

```
In[2]:=t=(x+2y+1)(x-2)^2
Out[2]= (-2+x)² (1+x+2 y)
In[3]:=Expand[t]
Out[3]= 4-3 x²+x³+8 y-8 x y+2 x² y
In[4]:=Factor[%]
Out[4]= (-2+x)² (1+x+2 y)
```

对于采用符号运算式计算表达式的值时，需要利用运算符 "/." 来对符号运算式中的变量赋值，赋值运算符为 "->"。当一次为多个变量赋值时，应加花括号 "{}"，这种形式称为替换，仅作用于本表达式，对其后不起作用。例如，当上式 x=3、y=2 时，计算表达式的值：

```
In[5]:= t/.{x 3,y 2}
Out[5]=8
```

10.4　符　号　数　学

10.4.1　函数极限

求函数极限的函数为 limit，其基本格式如下：

```
Limit(expr,x->x0)   求当 x->x0 时，expr 的极限
Limit(expr,x->x0,Direction->1)   求当 x->x0⁻时，expr 的极限
Limit(expr,x->x0,Direction->-1)   求当 x->x0⁺时，expr 的极限
```

10.4.2　微分

求微分的函数是 D，其基本的使用格式如下：

D[f,x]　求偏导数 $\dfrac{\partial}{\partial x}f$；

D[f,x1,x2,…]　求多重偏导数 $\dfrac{\partial}{\partial x_1}\dfrac{\partial}{\partial x_2}…f$

D[f,{x,n}]　求 n 阶偏导数 $\dfrac{\partial^n f}{\partial x^n}$

Dt[f]　全微分 df

Dt[f,x]　全导数 $\dfrac{\mathrm{d}f}{\mathrm{d}x}$

例如，求 $y=\sin x$ 的一阶、二阶导数和 $x^2+2xy+y^2$ 的偏导数。

```
In[1]:= Dt[Sin[x],x]
Out[1]=Cos[x]
In[2]:= D[Sin[x],x]
Out[2]=Cos[x]
In[3]:= Dt[Sin[x],x]
Out[3]=Cos[x]
In[4]:=D[Sin[x],{x,2}]
Out[4]=-Sin[x]
In[5]:= D[x^2+2xy+y^2,x,y]
Out[5]=0
```

10.4.3　积分

积分是通过函数 integrate 来实现的，其基本格式如下：

Integrate[f,x]　求不定积分 $\int f(x)\mathrm{d}x$

Integrate[f,x,y]　求重积分 $\iint f(x,y)\mathrm{d}x\mathrm{d}y$

Integrate[f,{x,a,b}]　求定积分 $\int_a^b f(x)\mathrm{d}x$

Integrate[f,{x,a,b},{y,c,d}]　求定积分 $\int_a^b\int_c^d f(x,y)\mathrm{d}y\mathrm{d}x$

例如，求定积分 $\int_0^1 \int_0^x (x^2 + y^2) \mathrm{d}y\mathrm{d}x$

```
In[6]:= ff=x^2+y^2
In[7]:= Integrate[ff,{x,0,1},{y,0,x}]//N
Out[7]= 0.333333
```

10.4.4 求和与求积

求和与求积是通过函数 sum 和 product 实现的，其基本格式如下：

Sum[f,{i,a,b}]　　求和 $\displaystyle\sum_{i=a}^{b} f$

Sum[f,{i,a,b,c}]　　求和 $\displaystyle\sum_{i=a}^{b} f$，$i$ 按步长 c 增加

Sum[f,{i,a,b},{j,c,d}]　　求和 $\displaystyle\sum_{i=a}^{b}\sum_{j=c}^{d} f$

Product[f,{i,a,b}]　　求积 $\displaystyle\prod_{i=a}^{b} f$

例如，求和 $\displaystyle\sum_{i=1}^{100} i$，$\displaystyle\sum_{i=1}^{n} i^2$。

```
In[8]:=Sum[i,{i,1,100}]
Out[8]=5050
In[9]:= Sum[i^2,{i,1,n}]
Out[9]= 1/6 n (1+n) (1+2 n)
```

10.4.5 解方程

对于一个方程 $f(x)=0$ 的求解，其中 $f(x)$ 可以是线性方程，也可以是非线性方程。但是，求解时应写成 $f(x)==0$。

解方程的函数格式为：

```
Solve[f,x]
```

例如，解方程 x^2-5x+6=0。

```
In[10]:=Solve[x^2-5x+6==0,x]
Out[10]= {{x→2},{x→3}}
```

例如，解方程组 $\begin{cases} x^2 + y^2 = 1 \\ x + 3y = 0 \end{cases}$。

```
In[11]:=Solve[{x^2+y^2==1,x+3y==0},{x,y}]
Out[11]= {{x→-3/√10 ,y→1/√10 },{x→3/√10 ,y→-1/√10 }}}
```

10.5　函 数 作 图

10.5.1 基本绘图方法

Mathematica 绘图的基本格式如下：

```
Plot[f,{x,xmin,xmax}]，画出函数 f 在区间[xmin,xmax]内的图形
Plot[{f1,f2,…},{x,xmin,xmax}]，画出函数 f1,f2,…在区间[xmin,xmax]内的图形
```

例如，画出函数 $\sin x$ 和 $\cos x$ 在区间$[0, 2\pi]$中的图形，输入如下命令，得到的图形如图 10-6 所示。

```
In[12]:= Plot[{Sin[x],Cos[x]},{x,0,2Pi}]
```

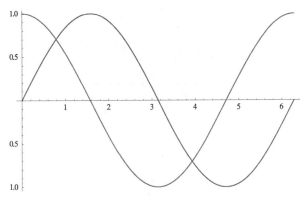

图 10-6　$\sin x$ 和 $\cos x$ 的图形

10.5.2　三维曲面绘图

三维曲面绘图可以通过调用函数 Plot3D 来实现，格式如下：

```
Plot3D[f,{x,xmin,xmax},{y,ymin,ymax}]
```

例如，画出 x^2+y^2 在 x 属于[-1,1]，y 属于[-1,1]的图形，输入如下命令，得到的图形如图 10-7 所示。

```
In[13]:= Plot3D[x^2+y^2,{x,-1,1},{y,-1,1}]
```

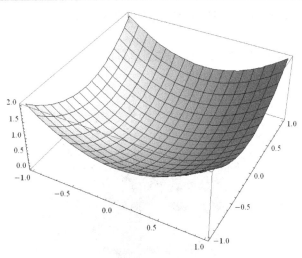

图 10-7　$z=x^2+y^2$ 的曲面图

10.5.3　等高线和密度线

等高线指的是地形图上高度相等的各点所连成的闭合曲线，等高线图实质上给出函数的"地形图"，等高线绘制是通过函数 ContourPlot 来实现的，其格式如下：

```
ContourPlot[f,{x,xmin,xmax},{y,ymin,ymax}]
```

例如，画出 x^2+y^2 在 x 属于[-1,1]，y 属于[-1,1]的等高线图形，输入如下命令，得到的图形如图 10-8 所示。

```
In[14]:= ContourPlot[x^2+y^2,{x,-1,1},{y,-1,1}]
```

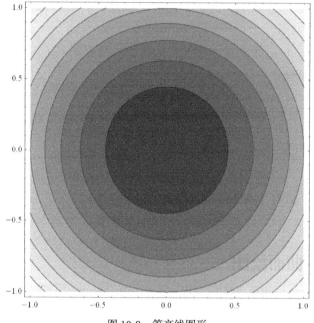

图 10-8　等高线图形

密度图则以规则的点阵显示函数值，颜色浅的区域函数值大，密度图函数格式如下：

```
DensityPlot[f,{x,xmin,xmax},{y,ymin,ymax}]
```

例如，画出 x^2+y^2 在 x 属于[-1,1]，y 属于[-1,1]的密度图形，输入如下命令，得到的图形如图 10-9 所示。

```
In[15]:= DensityPlot[x^2+y^2,{x,-1,1},{y,-1,1}]
```

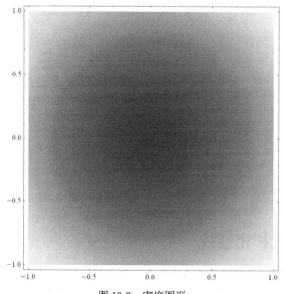

图 10-9　密度图形

习　　题

1. $x=2$，求 e^x 的精确表示和近似值。

2. 在 Mathematica 中，ab、a*b、a　b 是否相同？

3. 在 Mathematica 中，()、[]、{}、[[]]有何作用？

4. 求极限 $\lim\limits_{x \to 0^+}\left(x\cos\dfrac{1}{x}+1\right)$。

5. 求一阶导数 $\arctan e^x$、二阶导数 $e^{-x}\sin x$。

6. 求 $f=x^3+4x^2y+5xy+6xy^2+y^3$ 对 x 和对 y 的偏导数。

7. 求积分 $\displaystyle\int\frac{\mathrm{d}x}{e^x+e^{-x}}$、$\displaystyle\int_0^{\frac{\pi}{2}}\frac{\sin x}{x}\mathrm{d}x$、$\displaystyle\int_0^1\int_0^x(x^2+5xy+y^3)\mathrm{d}y\mathrm{d}x$

8. 解方程 $x^2+x+1=0$

9. 解方程组 $\begin{cases}x+y=33\\4x+3y=100\end{cases}$

10. 绘制 $\text{six}3x\cos 4x$ 在区间[−3,3]的函数图形。

11. 绘制 e^{3x} 和 x^4e^x 在区间[−2，2]的函数图形。

12. 绘制曲面 $\dfrac{x^2}{4}-\dfrac{y^2}{5}-\dfrac{z^2}{6}=1$ 在 x 属于[−3,3]，y 属于[−3,3]的曲面图形。

[1] 张磊.MATLAB 实用教程.2 版. 北京：人民邮电出版社，2014.

[2] 罗华飞.MATLAB GUI 设计学习手记.3 版.北京：北京航空航天大学出版社，2014.

[3] 谢中华.MATLAB 统计分析与应用:40 个案例分析. 北京：北京航空航天大学出版社，2010.

[4] 王家文.MATLAB 6.5 图形图像处理.北京：国防工业出版社，2004.